美美之合

——织绣云裳艺术

苏州丝绸博物馆　编著

东南大学出版社
SOUTHEAST UNIVERSITY PRESS

·南京·

图书在版编目（CIP）数据

美美之合：织绣云裳艺术 / 苏州丝绸博物馆编著 .
— 南京：东南大学出版社，2021.10
ISBN 978-7-5641-9714-8

Ⅰ. ①美⋯　Ⅱ. ①苏⋯　Ⅲ. ①纺织品－设计－作品集
－中国－现代　Ⅳ. ① TS106.5

中国版本图书馆 CIP 数据核字（2021）第 200295 号

美美之合——织绣云裳艺术

Meimei Zhihe——Zhixiu Yunshang Yishu

编　　著	苏州丝绸博物馆	责任编辑	陈　跃	
电　　话	（025）83795627	电子邮箱	chenyue58@sohu.com	
出版发行	东南大学出版社	出 版 人	江建中	
地　　址	南京市四牌楼2号	邮　　编	210096	
销售电话	（025）83794121/83795801			
网　　址	http://www.seupress.com			
经　　销	全国各地新华书店	印　　刷	合肥精艺印刷有限公司	
开　　本	889毫米×1194毫米　1/16	印　　张	12.5	
字　　数	292千字			
版 印 次	2021年10月第1版　2021年10月第1次印刷			
书　　号	ISBN 978-7-5641-9714-8			
定　　价	280.00元			

*本社图书若有印装质量问题，请直接与营销部联系。电话：025-83791830。

编者语

中国自古以来就享有"丝绸王国"与"衣冠大国"之称,7000年积淀的纺织丝绸科技文明,造就了丝绸之美、工艺之美、服饰之美和时尚之美。苏州丝绸博物馆是中国最早建立的一座丝绸专题博物馆,30多年来在古今丝绸文化挖掘展示与研究方面都取得了一定成果,体现了社会价值和影响力。2020年12月15日至2021年3月15日,苏州丝绸博物馆举办了"美美之合——织绣云裳艺术展",受到十分良好的社会评价,这是以3位女性艺术家从织、绣、缝3个领域视角呈现的艺术。

男耕女织、自给自足的传统社会文化在中国延续了几千年,女性是织染绣裳之美的主体创造者,随着近现代女子教育的进步、职业领域的变革,当代女性的社会责任与担当发生了深刻变化,《美美之合——织绣云裳艺术》便是"一带一路"倡议感召下的激情呈现。一项展览带给观众的是近距离的立体视觉艺术,图录则是展览内容的深度解读与沉浸式感受,更是印迹的记录,希望读者在感知中国织绣艺术与服饰时尚文化深邃的同时,对新时代女性的"女红"有新的认知。

苏州丝绸博博物馆

2021.10

目　录

美美之合　策展人的话　　　　　　　　吕　越 / 03

从母亲的艺术到时尚的艺术　　　　　　李超德 / 05

美美之合开幕致辞壹　　　　　　　　　陈瑞近 / 07

美美之合开幕致辞贰　　　　　　　　　魏保信 / 09

美美之合开幕致辞叁　　　　　　　　　龚　平 / 11

参展艺术家对谈　　　　　　　　　　　　　　 / 13

吕越 / 27

◎ 向美生长——吕越的"女红"艺术　　　　　/ 31

◎ 女红　　　　　　　　　　　　　　　　　/ 36

◎ 美美之合　　　　　　　　　　　　　　　/ 41

◎ 中国印　　　　　　　　　　　　　　　　/ 48

◎ 小龙　　　　　　　　　　　　　　　　　/ 52

◎ 蝴蝶夫人　　　　　　　　　　　　　　　/ 57

◎ 云裳　　　　　　　　　　　　　　　　　/ 58

◎ 化　　　　　　　　　　　　　　　　　　/ 61

◎ 消　　　　　　　　　　　　　　　　　　/ 62

◎ 痕迹 2 号　　　　　　　　　　　　　　　/ 66

◎ 消费　　　　　　　　　　　　　　　　　/ 72

◎ 叠　　　　　　　　　　　　　　　　　　/ 77

王晨 / 81

丝绸技艺之美相伴我始终　　　　　　　　　　/ 85

◎ 龙凤纹织金锦（元　复制件）　　　　　　　/ 90

◎ 耕织图锦　　　　　　　　　　　　　　　/ 92

◎ 胡王锦书衣　　　　　　　　　　　　　　/ 93

◎ 黄缎地缠枝花蝶纹锦（清　仿制件）　　　/ 94

◎ 彩条绫（唐　复制件）　　　　　　　　　/ 95

◎ 秋绿色缠枝莲纹漳缎女礼服　　　　　　　/ 97

◎ 和气吉祥图宋锦　　　　　　　　　　　　/ 98

◎ 姑苏民居图宋锦双面插屏（一组）　　　　/ 101

◎ 菱格暗花纹绮（汉　复制件）　　　　　　/ 103

◎ 印花绢（唐　复制件）　　　　　　　　　/ 104

◎ 弥勒佛像锦（元　仿制件）　　　　　　　/ 105

◎ 英奈尔绡方巾　　　　　　　　　　　　　/ 106

◎ 白地五湖四海纹漳缎　　　　　　　　　　/ 108

◎ 白地四季花卉纹漳缎女装　　　　　　　　/ 110

◎ 红地四季花卉纹漳缎　　　　　　　　　　/ 113

◎ 云龙纹锦（明　仿制件）　　　　　　　　/ 114

◎ 藏蓝地花树缠枝菊纹宋锦（清　复制件）　/ 115

◎ 福寿纹宋锦双面长巾　　　　　　　　　　/ 116

◎ 湖色缠枝牡丹纹漳缎（清　复制件）　　　/ 119

◎ 红地对鸟纹锦（唐　仿制件）　　　　　　/ 121

◎ 如意纹锦（汉　仿制件）　　　　　　　　/ 121

◎ 安乐纹锦（汉　仿制件）　　　　　　　　/ 121

◎ 万字地缠枝花卉纹宋锦（清　仿制件）　　/ 122

◎ 茱萸纹锦茶巾　　　　　　　　　　　　　/ 125

◎ 千秋纹锦（汉　仿制件）　　　　　　　　/ 126

◎ 东方锦茶巾　　　　　　　　　　　　　　/ 127

◎ 绿地凤穿牡丹团花团龙纹宋锦（清 复制件） / 128

◎ 三闪文华纱（民国 复制件） / 130

◎ 文徵明《冰姿倩影图》宋锦 / 133

◎ 文徵明"七律"书法宋锦 / 134

◎ 翁同龢"平安"书法漳缎挂轴 / 136

邹英姿 / 139

◎ 绣出一个深情的世界 / 143

◎ 柳树系列 / 149

◎ 狮子滚绣球围巾 / 156

◎ 节气系列 / 158

◎ 敦煌莫高窟第 45 窟造像（部分） / 174

◎ 武生柯军 / 184

◎ 泥土与刺绣 / 187

◎ 姑苏人家 / 188

结　语 / 191

*Part·*美美之合

美美之合

策展人的话

"美美之合"是关于三位女性作品的展示。她们的专业相近又不相同,但是,她们都是"美"的创造者!集她们的作品表现"美",可谓美美与共,美美之合!

文化传统在当下应对的现实应该是怎样的呢?古老的东方艺术从来都注重对日常生活的感知能力。这与整个西方艺术史所开拓的以写实为本的源头有着截然不同的艺术面貌。而手艺更是如此,我们在传统的手作之中看到了最直观的人情和世故。纺织、刺绣、缝纫,这是中国传统民间母女世代传承的手工技艺,也是特殊的家族血脉。汉声编辑室在《中国女红——母亲的艺术》中写道:"对于这些充满生命热忱、毫无功利意图的技艺表现,学者称之为'母体艺术'。"本次"美美之合"展览就恰如其分地呈现了传统的母体艺术如何在当代艺术的视角中拓展边界。

作为高校设计教育工作者的吕越是时装艺术在国内的首推者,作为织物设计专家的王晨是复古织锦的研究和实践者,作为苏绣传承人的邹英姿是致力于传统苏绣在现代转化的工艺大师。三位女性艺术家,三种创作手段,有着独特串联的"女红"基因,各具特色的艺术作品既有传统技艺的魅力元素,也有当下创作形式的多元指向。

《美美之合》是为这次展览全新创作的合作作品。邹英姿的苏绣缎与王晨的宋锦在吕越的操刀下,巧妙融合于西方"裙撑文化"的时尚造型之中。三人将极具代表性的要素有机结合,践行了传统女红在当代生活方式下的生长状态,确实可谓美美相融、美美之合。

她们三位构成了一织、一绣、一缝的画面。通过她们的创作,可以看出中国传统女红在当代生活方式下的"存活",她们借助自己的工作和爱好之需,年复一年地"生产出"不同风格的作品。作品中诠释了中国文化、东方神韵,传递了作为文化个体的思考,传递了她们对于如何开展和呈现现代"女红"的理解。本次展览将她们合为"共体",为传播中国传统民族文化与当代生活的结合提供了样本,给出了答案。这是一次"美美相融之合",不可多得的展览,相信会给观众朋友带来与众不同的视觉感受,引发大家有益的思考。

策展人

吕越
中央美术学院教授,硕博导师
时装艺术国际同盟主席

展览现场

从母亲的艺术到时尚的艺术

(2020.12.15)

写在
美美之合　织绣云裳艺术
之前

织绣艺术是母亲的艺术,凡妇女以手工制作的传统技艺,如纺织、编织、缝纫、刺绣、拼布、贴布绣、剪花、浆染等概可称为"女红"。封建社会对妇女有"三从四德"的禁锢与德行要求,21世纪,"吃人"的"三从"礼教早已被扫入历史的垃圾堆,而"四德"我们却可以赋予其新时代的含义。从织至绣再到衣,伟大的女性在漫漫历史长河中贡献了自己丰富的灵感和艺术才华,抒写了悸动和华美的艺术篇章。今天"美美之合　织绣云裳艺术展",集吕越、王晨、邹英姿三位杰出女性的艺术才情在苏州丝绸博物馆举办,展现了当代中国女红艺术的华彩乐章。

女红讲究天时、地利、材美与巧手,原本是一项民间艺术。女红技巧从过去到现在都是由母女、婆媳世代传袭而来,因此被称为"母亲的艺术"。当然母亲在她还是少女的时候就开始学针线活为织与绣而忙碌,为她的未来而准备,所以从少女时代开始就在她们的织绣作品中倾注了温情和爱意。

江南女红以刺绣为核心,演绎出美美之合的精致艺术品性。江南既是一个地域的概念又是一个文化的概念。江南的时尚以织绣为载体,除去时间性的风尚,更多地体现在对待生活的品质要求,温情的、感性的、内敛的、中性的,使织绣成为精致生活倡导者、创造者、实践者的心灵附着物。江南文化是今天江南时尚艺术的文脉,其中"女红"独享至尊。即便是在如今高科技和智能化的时代,她也是品质的象征。

今天,吕越教授的作品以其在国际、国内时尚艺术界的先锋地位,正引领着中国时尚艺术的起承转合。王晨研究员则在丝绸织物设计和传承创新领域耕耘四十载,谱写了"纤维皇后"的新篇章。邹英姿大师长期执着于刺绣艺术的辉煌重现,用飞舞的一针一线完成了精神的升华。

或许是巧合,抑或是必然,传统的织绣技艺已经从闺房走向了公共艺术空间,被赋予了深刻的内含,促动着传统工艺和女红艺术的华丽转变,从而实现女红艺术的当代呈现。

学术主持　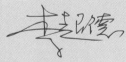

李超德
苏州大学艺术学院教授、博士生导师
苏州大学博物馆馆长

苏州市文物局副局长
陈瑞近致辞

陈瑞近副局长对苏州丝绸博物馆近几年在陈列展览、科研复制、非遗保护方面所取得的成绩给予了肯定。其表示本次展览定位更具时尚性、国际性，更好地贴近现代生活，展现了丝绸专业馆的形象。

到场嘉宾

美美之合
开幕致辞
壹

苏州丝绸博物馆这几年的工作让人眼睛一亮，尤其是学术研究、文物复制这方面在全国博物馆行业内有一定影响力，现在在展览和社会教育方面也做得相当有特色。可以说苏州丝绸博物馆发展到今天，已成为我们苏州市专题馆中最有特色的一个，也是做得最好的一个。

今天即将开幕的这个展览是三位美女艺术家作品的组合，我觉得应当是三美之合。举办这样的展览其实非常时尚。我们一直讲博物馆不应该总是很古老的样子。虽然博物馆收藏的是文物，收藏的是人类历史发展进程的见证物，但它一定是时尚的，一定是国际性的，它是我们所有灵感的发源地，所以我觉得做这样的展览非常有意思，它能满足人民对我们日益增长的精神文化的追求，能够提升现代社会人们的文化生活品质。

陈瑞近

苏州市文物局副局长

苏州丝绸博物馆馆长
魏保信致辞

魏保信馆长围绕展览宗旨、合作与愿景向各位领导、嘉宾做简要说明，并表示与吕越教授的三度合作见证了苏州丝绸博物馆在时装艺术展览方面的成长、收获。

捐赠仪式

吕越、邹英姿两位艺术家将她们与王晨研究员联袂合作的展品捐赠给苏州丝绸博物馆。

美美之合
开幕致辞
贰

今天,我们很高兴在这里举办"美美之合　织绣云裳艺术展"开幕式。首先,我谨代表苏州丝绸博物馆对各位的莅临表示热烈欢迎和衷心感谢!

"美美之合"是丝绸博物馆今年的收官之展,也是跨年展览。这个展览我们准备了很长时间,早在去年就把这个选题列入了丝绸博物馆的 2020 年度展览计划。一年来,三位艺术家精心策划,积极配合,以各自擅长的织、绣、缝技术为我们呈现了这样一个精彩的展览。

吕越教授是中国时装艺术的引领者,也是我们的老朋友,和丝绸博物馆有过几次很好的合作,从 2018 年的"丝亦"、2019 年的"悠悠云裳"到今天的"美美之合",每次展览亮相都令观众惊艳。

邹英姿老师是中国工艺美术大师,多年来将传统苏绣与当代艺术融合探索,创作了独具特色的"滴滴绣""英姿绣",在苏博、丝博和相关艺术机构都举办过专题展览,很有影响。

王晨研究员是我的同事,是"宋锦织造技艺"和"漳缎织造技艺"的代表性传承人,师从钱小萍大师从事丝绸研究设计工作 40 多年,一直致力于古代丝织品的研究复制和仿制,以及宋锦和漳缎非遗项目的传承创新,尤其是在漳缎的复制领域卓有成绩。

她们三位美女艺术家构成了一织、一绣、一缝的美丽画面,通过展览为我们传递着美的符号,讲述着美丽故事,可以说是珠联璧合,美人之美。此时此刻,我要特别感谢策展人吕越老师,感谢三位参展艺术家联袂捐赠给丝绸博物馆她们合作的作品。同时,感谢本次展览的设计团队、布展团队和所有为展览付出辛勤劳动的工作人员! 在 2021 年即将到来之际,我祝福大家在新的一年身体健康,吉祥如意!

魏保信

苏州丝绸博物馆馆长

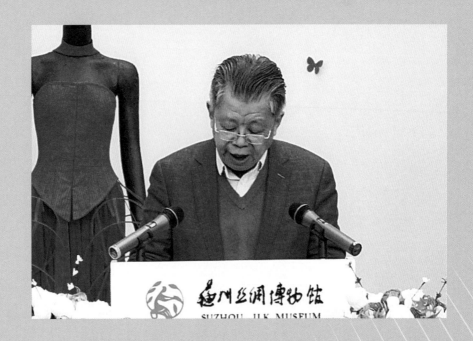

苏州丝绸博物馆理事会理事长
龚平致辞

剪彩仪式

美美之合
开幕致辞
叁

一夜西风起，满地黄金落。在这大自然给初冬的江南大地铺上锦绣盛装之际，我们在苏州丝绸博物馆迎来了由吕越、王晨和邹英姿三位女艺术家融合展示的"美美之合　织绣云裳艺术展"。

苏州，历来是传统织绣之乡。在漫长的历史发展中，苏州织绣类项目以其鲜明的地域特征和高雅的技艺内涵而闻名于世，在中国织绣发展史上占有半壁江山。其中的代表性项目，如宋锦、缂丝被列入人类非物质文化遗产代表作名录，苏绣、漳缎分别被列入国家级、江苏省级非物质文化遗产名录。北京故宫的 18 万件织绣藏品中，有 10 万件来自织绣之乡苏州。进入新时代，苏州的织绣类项目也成为"非遗 + 文创"的重要资源。非物质文化遗产的科学保护，既体现于传承传播，也彰显于创新发展。就这个意义而言，今天开幕的"美美之合"展览就不仅只是"一织、一绣、一衣"的画面组合，而是非遗织绣服饰类项目的"传统 + 创新"发展融合；也不仅只是中国传统女红在当代生活方式下的"存活"，更是传统织绣服饰在艺术随时代发展中的"存续"。不仅活在当下，更将传续未来。

这三位女艺术家中，领衔的吕越教授，虽然之前我们未曾谋面，但我对她在服装设计和时装艺术上的造诣早就受教，对她不同时期的作品也早有赏析。今天在现场观摩，果然震撼！但我觉得吕越教授还是十分低调，她在前言中以"一织、一绣、一缝"之"缝"来给自己定位。我想，她在服装设计与时装艺术上的造诣，怎能以"一缝"了得，至少应以"一衣"而蔽之！吕越教授此次携手的王晨馆长、邹英姿大师，我则十分熟悉。我与王晨馆长相熟 30 多年了，从我 30 年前在苏州博物馆担任副馆长，到后来开展非遗保护传承工作，我们都有过令人愉快的合作。王晨馆长的治学之严谨、设计之刻苦、成果之丰硕，给我留下深刻的印象。认识邹英姿大师也已有 10 个年头了，我一直在关注着她从绣娘向刺绣大师的转变。我们有微信联系，但文字交流明显要少于图像、视频交流，这足以看出她的个性之鲜明。她对刺绣技艺的执着、对灵感的敏锐捕捉与对针线"语汇"的表达形成了她独特的艺术特点。

三位巾帼一台"戏"。吕越教授的"女红化蝶"、王晨馆长的"安乐锦缎"、英姿大师的"莳柳造像"，以她们各自独特文化个体的思考与诠释，联袂打造了一台"传统 + 创意"的大"戏"。它无疑将给观众带来美的传承、艺的思考！在此，我要对吕越、王晨、邹英姿三位女艺术家致以我深深的敬意！

最后，预祝今天开幕的"美美之合　织绣云裳艺术展"这台大"戏"圆满成功！

苏州丝绸博物馆理事会理事长

学术主持——李超德

艺术家对谈——吕越

参展艺术家对谈

本次艺术展是一次"美美相融之合"的展览，展览将重点放在传统丝绸与当代艺术的融合延伸，以三位女艺术家不同的作品演绎，展现当下"女红"手艺的魅力，助力女红技艺推陈出新，让传统文化无界传播，让美在心间生根发芽。苏州大学博物馆馆长李超德主持了参展艺术家对谈活动，与吕越、王晨、邹英姿三位就传统丝绸织绣与当代丝绸艺术，以及传统女红与当代"女红"的话题进行了交流。吕越从时尚艺术的"变"谈传统文化的古今创新，通过作品的设计理念谈对现代或将来"美"的诠释，即从"美"的背后衍生出中国传统女红技艺在当代生活方式下的再生新空间的思想。王晨从个人成长到进入丝绸研究领域不断学习实践的感悟谈对古老丝绸文明的敬仰，谈传统丝绸技术与艺术的关系，以及对传承创新的认识。邹英姿则从刺绣的实用工艺品创作与现代刺绣艺术的提升实践角度与大家交流了思想，感悟当代"女红"的拓展含义。

李超德

"美美之合　织绣云裳艺术展"今天能够在苏州丝绸博物馆展出，应该说是我们丝绸艺术界一件非常重要的盛事。我刚刚已经先浏览了一下这个展览，从织到绣，到时尚的艺术，恰好是从传统到现代的起承转合。今天，苏州丝绸博物馆邀请我来担任这个展览的学术主持，非常荣幸！下面，我想首先邀请著名的时装艺术家，中央美术学院时装专业的创建人、学科带头人、博导吕越教授，第二位是苏州丝绸博物馆的王晨研究员，第三位是中国工艺美术大师邹英姿老师，我们一起来进行下面的一个访谈活动，或者说是对谈活动。

我和吕越教授是老朋友，她在时尚艺术界的地位非常高，也和我们苏州结下了不解之缘。吕越教授不仅仅与我们丝绸博物馆有过多次的合作，其实她在我们苏州的金鸡湖美术馆等一些场馆都有策展，给我们带来了一场场艺术的盛宴。作为这次"美美之合　织绣云裳艺术展"的策展人，我想首先请吕老师谈谈她对策展的一些想法，由此引出我们今天三位艺术家之间的思想碰撞和艺术交流。好，首先有请吕越教授。

吕　越

谢谢超德馆长！的确我们认识很多年，也有很多学术上的讨论和交流，李超德教授是一路支持着我们时装艺术的发展的。这一次展览是我受苏州丝绸博物馆魏馆长之邀做的第三次展览，我们约定一共做三年，希望借此将展览的边界拓宽，与艺术有所结合，也算是对苏州丝绸博物馆整个展陈的拓展。从我这个角度来说，更主张临时展馆和常设展馆是一个互动的存在，临展方面更多的是体现当代性，体现艺术性。就这样的定位而言，我们连续做了三次展览，这一次算是收官展，我希望将视线最后收回到苏州，这次展览关注的重点是两位在苏州成长的女性艺术家，因为从她们身上看到了苏州特有的传统文化在她们作品中的体现。王晨书记的作品大家可能很了解，因为在苏州我所熟悉的人对她的东西都很了解，在历史馆里边就有很多是由她带领完成的项目，这次也有非常多的东西在二楼展厅呈现。邹英姿工艺美术大师，我们很熟悉，她的作品除了传承苏绣的传统技艺之外，还有非常多的当代性延展和创新。那么她们两个艺术家在织绣方面和合的力量，使得这个展览能够往当代艺术方向拓展许多。我可能更侧重于当代艺术的概念性作品，这次我的作品不多，一来是去年在这里做过个展，我的作品观众大多都见过了。二来更主要的是想把有限的展览空间让给两位在苏州成长起来的艺术家，我的作品相对来说是起到串联一织一绣两个方面的作用，尤其是

艺术家对谈——王晨

身后这组与展览同名的《美美之合》，是采用她们两位提供的材料（英姿提供的一块绣片、王晨老师提供的一段桃形图案的宋锦）做的一个概念性的作品。它融合了三位创造者的才情，是专门为这个展览创作的。里面的元素，包括它的裙撑、款式的呈现，虽然都是有历史依据的，但在创作制作上是有很大程度延展创新的，尤其是色彩方面的设想和呈现，有更多我个人要表达的内容。红色，老百姓喜闻乐见，契合跨年展的节日气氛。另外，也是取女红，红（gōng）字的另一个读音红（hóng）来体现三位艺术家的女红内涵。并希望通过西方的裙撑、中国的苏绣和宋锦，用这种中西合璧的方式将文化融合，把思想打开，然后在传统和当代、东方和西方之间做更多的碰撞和交流。整个展览的思路也是希望能够从此延展到艺术领域，横跨到其他的文化领域，能够有更多的拓展和更多的碰撞。

李超德　　　谢谢！吕越老师、王晨老师和邹英姿老师，三位都是我们当代杰出的女性，今天我们妇联的主席也在现场，我觉得应该为此而感到骄傲！在中国的传统习俗中有"三从四德"之说，这是封建社会用于约束妇女的行为准则，我一直认为"三从"可以不要，"四德"在新时代应该被赋予新的一种解释，特别是其中的"女红"，跟织绣有关，今天完全可以有新的含义。当然我们是从传统当中走来，传统需要继承，又需要创新，而这个过程又是一个扬弃的过程。我觉得从丝绸"织"的角度来讲，无论是钱小萍大师也好，还是王晨老师也好，都在这个方面做了许许多多的工作。我们苏州是丝绸之乡，在明代的时候，这个地方丝绸洋行千百家，机梭之声通宵达旦，这种遍地生产丝绸的面貌把苏州塑造成为当时的一个时尚都市。当时苏州产的丝绸不仅可以影响到周边甚至大亚洲，更能远销欧洲，它的时尚艺术引领着明清两代的时代风尚。所以我觉得在继承和传承织绣艺术这个领域里王晨研究员几十年如一日，在宋锦和漳缎的研究方面做出了巨大的贡献。那么我想下面请王晨研究员来谈谈这方面的体会。

王　晨　　　好的，谢谢李院长！首先，我觉得在我自己工作的博物馆里举办这么一个展览，之前没有想过，这次是因为吕老师牵手了我和英姿老师才促成了这个展。我是学丝织工艺的，早期之所以踏进丝绸行业是因为恰好苏州丝绸工业局在招丝绸设计人员，我就这样有幸通过考试踏入了这个行业。之后我就逐渐喜欢丝绸了，不仅因为丝绸给人们一种美的享受，更因为丝绸历史悠久，很珍贵，代表了我们中国的优秀传统文化。我在这个领域里的成长是靠老师们的引领，在座的钱小萍老师，还有吴文寰老师，他们都是在我18岁进苏州丝织试样厂的时候就开始教我，使我在丝绸设计领域跟随着他们的脚步，一路走到今天。对于古老的中国丝绸文化，真正地去感受它还是进入苏州丝绸博物馆之后。苏州丝绸博物馆是一个以"物"为主要载体与大众进行历史文化交流的场所，也担负着研究保护丝绸的重要责任，因此我在钱老师的带领下接触了很多出土文物，也通过书籍学习相关的知识，强化对一些文物的了解，在这个过程中我越来越发现自己实在是知之甚少，要学的东西太多了，而且工作中不断会遇到新问题。为了破解奥秘，需要去迎接挑战，有时很艰难，也很辛苦，但我不觉得是精神负担，反而在我沉浸在其中的时候，更加敬佩先人的智慧，他们已经创造了那么美好的东西，而我们今天其实有些方面还未必能达到。我们不仅要学习他们，还应该在他们的基础上再发展，提

艺术家对谈——邹英姿

升和发挥好所学所能，这是我非常深切的一个体会。在从一根丝线到一块绸的呈现过程中，就如同建筑设计师那样，我们需要首先设计构建好经纬交织的一个立体构架才行。年轻的时候，老师们跟我讲，设计品种时要有立体的思维空间感，那时候还不能理解，一块绸是平面的，怎么是立体的呢？但是现在我就有深切体会了，知道经线与纬线交织有好多种方法，通过结构设计可以变化为成千上万种，这就出现了成千上万种优秀品种。新品种最开始应该是以技术为主，但是随着时间推移，当它真正成为经典的时候，艺术就成了主角，所以我在设计产品时就常常发挥美术基础，大家所看到的作品在设计阶段的意匠图都是我自己画的。

李超德　　丝绸既是技术的，又是艺术的。王晨研究员在复制修复古代纺织品的过程当中，付出了很多辛勤的劳动，今天展出的作品中就有一些是复制的，比如漳缎，尤其五彩的漳缎，技艺非常高超。那么对于漳缎这样一种即将濒临消亡的技艺而言，通过我们的整理、传承，通过王晨老师等人的努力，我相信漳缎还会焕发出它的青春。

由"技"到"艺"，"艺技"本来就是同源的，在西方有七"艺"，在我们中国传统中有六"艺"，其实"技"和"艺"当时是不分家的，是一个词，直到文艺复兴以后，美学运动以后才赋予了它们今天的含义。当然我们说艺术，特别是丝绸艺术，先织后绣，有了"织"，当然就有后来的"绣"。苏州刺绣是一张名片，在四大名绣中，它是引领者。尽管现在四大名绣有同质化的倾向，但都是往苏绣的方向去同质，把原来属于生活的艺术变为殿堂艺术。这个过程当中有邹英姿老师，当然还有前辈们的积极努力，我想请邹英姿老师围绕这方面的问题来谈谈你的感受。

邹英姿　　各位老师大家好！今天十分荣幸地在丝绸博物馆，与大家一起来聊关于我们的传统刺绣以及当代艺术。我的刺绣人生好像没有选择，因为我生在江南一个叫镇湖的地方，注定就是要我拿针线的。这么多年来，我妈妈给了我一个身体，但是我的王祖识老师给了我做刺绣的勇气，她也是我的"母亲"，是她一直在这条路上鼓励我，肯定我。我曾经有一度想要放弃的时候，老师说："孩子，你没有错！你努力地去尝试你自己对苏绣的这种感知，要把它表达出来，苏绣需要原创，需要创新。"将近5年时间我一直在做挖掘工作，凭着自己的力量在传承苏绣，在这种毫厘之间的微观世界里寻找针线之间的感觉，双面绣、双面异样绣，以及异色绣等也都在尝试着做。我们的王老师一直谆谆教导我们最为经典的话语是："无论怎么样，你生活多么艰苦，你每一针每一线都要很认真地去把它绣完。"所以这些年来，我的"滴滴绣"这条路，也是在我曾经好像是要断掉的时候老师给予我鼓励才坚持下来的。后来，我觉得自己的知识量不够了，就经常跑西北，所以我的艺术风格一半西北，一半江南。我去西北学习，其实也是为了要让苏绣能在我的针线之间，体现出我个人的风格。

那么还有一个可以讲到的是沈寿，我也在研究琢磨她的仿真绣是怎么来的，我对她很好奇。在长达5年甚至更长的时间内，我觉得似乎弄懂了，但前不久我因接到了中国美术学院的一个工作任务，就到省博去看她绣的耶稣像。当我第一眼看到它的时候，惊呆了，我觉得那时候的空气是停滞的，我领略了什么？她"针神"这个称号绝不是那么轻易得来的，而是名副其实的。她在针线之间的这种灵动感

布展过程

展览一角

真的让人赞叹，还有她的这种艺术的高度，也是值得我们后人学习的。在我们的传统文化中，刺绣被称为"母亲的艺术"，我们历代的母亲们做过很多优秀的东西，我觉得我懂得太少了，所以还是要孜孜以求地、一步一个脚印地往前走，我希望用自己微薄的力量来做好我们的苏绣。

李超德　　邹英姿老师她刚才讲得非常生动。从她懂事起，第一个老师是她的妈妈，教她一针一线，寄托她对刺绣的情感。当然传统的妇女婚嫁以后，她就把这种情感寄托在她的孩子身上，比如说小孩的衣服都是自己的妈妈做的，所以我们说它是"母亲的艺术"。那么邹英姿老师的成长的经历，我觉得恰好反映了刺绣传统艺术的一个本质，它真是一个"母亲的艺术"。但是如果从一个母亲的艺术向时尚艺术延伸，从辉煌的艺术走向我们今天的公众展陈空间，我觉得这是一个质的飞跃。这方面，我相信吕越老师她作为杰出的当代艺术家，在她的实践当中一定有很深的体会，她如何来理解时尚的艺术，如何来理解刺绣艺术和我们今天的展示空间之间的关系？我想有请吕越老师在这个方面为我们来说一说。

吕　越　　好的，我就从展览的展陈设计开始讲起。因为对于一个策展人来说，如何呈现作品、如何体现作品的价值、如何体现策展思想、如何通过展览引发思考是极其重要的。我和负责展陈设计的东陈团队讨论了很多次，这恐怕也是策展人工作中占比最大的工作了。这次我们在展厅中间放了一个 S 形的透明帷幔，又在上面做了月亮门，这是希望增加一点点苏州的元素，但是这个元素必须是很抽象的，我们希望它变成一条纽带，把"织"和"绣"甚至"缝"联系在一起，这是展陈上基本的框架构想。在展厅走廊里的蓝色展墙部分，我们还运用了绣花绷的元素，我想把女红最擅长的或者最离不开的工具做些夸张的呈现，正好我有一个作品叫《化》，就用到了绣花绷元素。借用《化》的形态，可以让观众从圆形相拼的图形里，看见三位作者的作品在绣花宫里的呈现。还有更重要的是装置性呈现，比如一楼这组专为展览而做的《美美之合》就是裙装礼服，如果仅仅是作为礼服或者是裙子或者是连衣裙，就不需要后面这些裙撑了，也不需要那些红色的纸蝴蝶了，但是只用几件裙子气氛就不够，很淡，必须用夸张、用强化的办法，以便得到更好的视觉呈现，这个时候就要用到装置艺术的技巧。所以当代艺术从展陈这个层面来说，装置艺术的手段和语言有非常多，包括我们楼上展览中"绣"的部分，邹英姿有一个作品是跟泥土有关的，她把刺绣的基线看作泥土，看作了她的土地，她觉得是在土地上成长起来的苏绣文化，所以她还原到泥土的这个状态，我鼓励她再做一个装置，把这种情感用装置的手法传递出来。这次还有一个更重要的环节是"七彩光"，是一种折射灯的效果。它是一种寓意，寓意着三位艺术家作品的延展，精神性的折射。其实从织也好，绣也好，我们想让这个展览的作品都是大家熟悉的，可是它折射出的部分是未知的，而这个未知刚好是我们的思考空间和联想空间，所以我们用了射灯，让它能射出七彩折射光，就像我们展览海报上印出来的七彩是一样的。它能折射出什么？其实我们目前是未知的，但好像似乎又是可知的。那么这个东西就是我们要去探讨的，去探寻的。这可能也是每

布展过程

展览一角

个创作者希望得到答案的部分。引发观众的思考、引发观众的共鸣是我们期待的。我就说到这儿。

李超德　　谢谢！从一个闺房的艺术变成了一个展陈空间、一个公共空间的艺术、一种能够被大众所接受的艺术，这就有了一个质的飞跃。那么今天的展览主要是在吕越老师的统筹下，由三位艺术家共同努力完成的。讲到这里，我想起一件事情。很多年前北京服装学院博物馆当时的馆长杨源到苏州来，她想收一些东西，我把她带到了我一个朋友那里，这个朋友拿出来一块明代的宋锦，还有江南制造的整匹的绸缎，杨源就非常激动地抓住那块宋锦不愿意放手，一定要把它买回去，可见宋锦很珍贵。今天看到这个展览以后，我觉得宋锦是那么的华美，包括漳缎也是那么华美，践行了让传统工艺美术和非遗走进我们现代生活。由此可以看到我们王晨老师做了大量这方面的探索和实践，那么你觉得像这样一些传统的非常好的织绣艺术，如何能够让它们走进我们现在的生活，这方面你有没有一些思考？

王　晨　　我觉得所有的艺术、所有的技术都源自传统才慢慢发展的。在宋锦织造技艺方面，钱小萍老师真的是不遗余力引领着我们去挖掘它，不让它在苏州消失，我是跟在其后努力着去做一点事情，我觉得我们学了这门专业就要为之而努力。传统的宋锦确实如您刚才讲的，杨源老师看到了一块明代宋锦抓住不放，那是因为宋锦本身就属宫廷用品，留存在民间的很少。如何继承传统，又与当代融合？我认为就应该做一些创新的工作。如何创新？比如说宋锦织物的结构已经由古至今形成了，而图案艺术就是融入当代生活的突破口。展厅里有一组作品就是我做的一个创新尝试，是把我们苏州典型的民居图像用宋锦工艺表现出来。它原来是摄影作品，我通过再设计，把摄影作品变为适合于宋锦织造的图案，这一产品设计我觉得还是得到了大家认可的。我清楚地记得这组宋锦新产品在 2012 年首届创博会上亮相的时候，大家就觉得有点惊奇，因为古老的宋锦都是几何纹图案，都是表现平面的，而做成这样带点景观效果的、具有明暗深浅艺术表现的之前还没有过，我在博览会上就听到有人在议论：宋锦原来还能做成这样的呀！我想别人有这个观感对设计师而言就是达到了目的。当初我只是一次探索，但其实这条路应该可以继续走下去，艺术探索永远没有止境，图案可以千变万化，喜欢什么，我们就可以为之创造什么，这是设计师应该去做的一件事情。

李超德　　谢谢！刚才王晨老师讲得很好，在传承和创新当中有继承，有技艺发展。我们中华民族文化本来就是多元的，包括刺绣艺术也是一样，比如邹英姿大师的滴滴绣，我相信是在传统刺绣的基础之上有所创新，有所发展的。传统的刺绣有很多种针法，到了杨守玉的时候有了乱针绣，她把西洋艺术结合起来，用刺绣这样一种开阔的胸襟来包容，使得它成为一种健康的因素。我觉得邹英姿老师的滴滴绣，绣得那么厚重，已经有一种西方油画的感觉了。那么我想请问邹英姿老师，在这个领域里面，你觉得在你的创新过程中，有哪些值得吸取的经验和教训可以和大家一起来分享呢？

展览一角

邹英姿	我其实一直在做尝试,尝试能与我的老师还有前辈们有区分。滴滴绣的由来是这样子的,我觉得我过于把它说成我自己的,这太自私了,其实它不是我的,它是大家的,因为灵感来自我们的千层纳底鞋。那么我们的鞋子曾经是什么样子的? 我曾经去过兵马俑(博物馆),看它们脚上穿的是什么。一个跪俑穿的鞋底就是一双千层纳底鞋,所以至少从秦始皇开始纳底鞋就已经有了,这是有据可查的,其针法其实很简单。我们习主席现在讲不忘初心,砥砺前行,刺绣同样也是。如何讲好中国故事? 我觉得刺绣是中国的母亲文化,作为一个刺绣的传承人,应该要把这个故事讲好,甚至还要宣扬开来,所以给针法取名叫"滴"。因为中国的文字很有意思,就是三点水上面一个"立",一扇门里面有一个"古"字,所以我想取名叫"滴滴绣",并没有和谁商量,并一直自己在尝试着怎么做,在想怎么表现才是最美的。这个探索的过程真的很艰难,这些年来眼泪没有少流。

李超德	任何一条艺术道路,它走过来都是布满艰辛的经历。听下来两位都对自己的老师充满了敬意和感激。其实我、吕老师也带很多学生,因为我也有听到很多吕老师的学生感激她,尤其我的学弟就是吕老师一手带出来的。其实这里更多是体现了"传承"。在感激之余,更感谢这种传承的精神以及这种精神的力量支撑。其实对英姿来说,我了解还蛮多的,她能请老师过来,把老师称作母亲,这里有对她的支持,不然她这条路可能真的就要断掉了,可能老师一句话就是一个很重要的力量让她坚持下来了。包括王晨老师,她也是一直在说由钱老师带着往前走,所以我就觉得真真正正地体会到"传承"两个字的重量和那种分量,以及厚度,甚至温度,这也是一种坚守和一种责任。

邹英姿	回首往事实在太难了,就像这次展览上的 4 幅敦煌壁画,其实总共有 7 件,前后刺绣达 10 年时间,因为滴滴绣的针脚特别短。我一直说我们的苏绣是在材料上做减法,在制作上是做加法,就像画家画画要调色,那刺绣怎么来调色? 用无数个颜色把它拼起来,然后绣到绣底上去,它能呈现你所想要的效果时就达到了目的。所以滴滴绣是在材料上做加法,在制作上是做减法的,虽然大家看着感觉很厚重,其实都是一次性完成的,谢谢。

李超德	感谢今天三位艺术家和大家交流了自己的艺术创作感想和体会,并联合在苏州丝绸博物馆呈现了一场非常丰富的展览。我们说织绣艺术从一个闺房的艺术走向了一个更大的公共展示空间,从一个母亲的艺术,走向了一个时尚的艺术,这个过程本身也是艺术发展递进式的一种关系。当然,发展到今天,我觉得织绣艺术走入了殿堂,但是又如何让这样的艺术回归我们的生活,走进我们的生活? 我觉得这是值得三位艺术家,包括我们在座的各位工艺美术界的同仁所要思考的,这是一个非常大的话题,因为时间的关系,我们的访谈就要暂时告一段落了。

参展艺术家对谈

王　晨　　我想借这个机会，感谢我们文广旅局的领导支持这个展览，也感谢以魏馆长为首的我的同事们，是你们共同与我一起积极地去推动把丝绸艺术与时装艺术勾连起来的实践，提升审美，并把我们苏州丝绸博物馆的一些展览服务职能进一步强化。在这里我还要特别感谢市妇联王主席、市科协程主席的到来，支持我们三位女性艺术家的传承创新与展示活动！希望通过展览这一特殊视角的呈现，让大家共同来感受历史悠久的、博大精深的丝绸文化。

李超德　　谢谢王晨研究员！相信我们苏州工艺美术、苏州丝绸文化的发展，在在座各位的关心和支持下，在今后的创意产业发展过程中，一定会大放异彩。下面，我想邀请大家移步展厅，参观三位艺术家的"美美之合　织绣云裳艺术展"。今天的访谈就到此结束，谢谢各位！

参展艺术家——吕越、王晨、邹英姿

Part·吕 越

昌越

Part· 吕 越

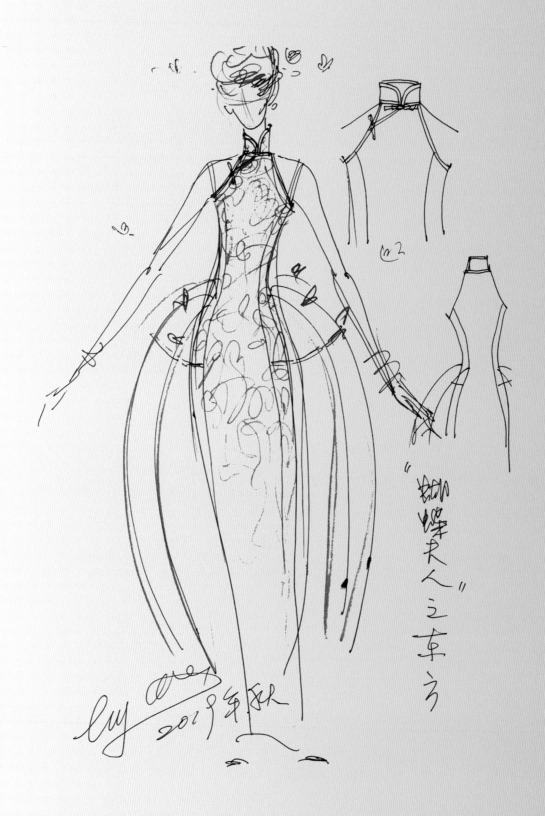

"蝴蝶夫人"之东方

30   Part·吕越

向美生长

——吕越的"女红"艺术

吕越有着多重身份，作为国内时装艺术的主要引入者和推动者，她一直在艺术家、设计师、教育者和策展人等角色间转换。谈及传统文化对其创作的影响，她始终认为文化本质上的渗透，应该像无声细雨一样，你不曾感知它的存在，却在不刻意间沉淀、总结、实践直至成长。今天我们已经看到越来越多的设计师和艺术家，在中国传统文化中找到现代诠释。当我们回到出生的土壤，我们的设计与之直接相连之后势必影响未来风貌。

《女红》是吕越非常重要的一件作品。《女红》鲜红的视觉基调让东方情境跃然而出，以丝绸材质和玻璃钢，配合精巧工艺塑造紧身胸衣，凸显女性的柔美与坚强。人体形制的造型及独特的裁剪线型呈现出多元的女性形象。原系列中，辅以 900 朵玫瑰，在相得益彰的碰撞中，服装伴随鲜花盛开凋零的流逝过程，也见证了记忆与现实在这手艺与身体中形成的中和。

她的另一件作品《化》由蚕丝、蚕茧、竹制绣花绷、发光线和蝴蝶标本制成，可根据展场情况多变组合。取朱子古语"变者，化之渐；化者，变之成"之意，配合蚕茧材质自身的生命本体特征，已然诠释了世界的造化进程。"化"本是会意字，左边是"人"，右边是颠倒的"人"。在对立与统一的传统美学涵养中，一切皆为造化，以美聚力，向美生长。

回顾吕越的时装艺术创作，不难看出她一直秉持的创作精神恰是中国哲学思想中的阴阳均衡观念。《蝴蝶夫人》中的厨娘围裙和礼服大摆、中国土布与西式裙撑、平面印染与立体雕刻等，都充斥着自由与禁锢，在矛盾中寻求共存。

更为明显的阴阳概念诉诸《昼夜阴阳》中。那是对时间命题的均衡探索，在黑色灯口与白色灯泡的穿插之间，聆听"逝者如斯夫，不舍昼夜"的先人话语。现实的人造光源已经模糊了昼夜的界限，但我们仍然坚守在昼夜更替的生活逻辑之中，寻常万物皆由阴阳相生而来，并在联结与转换形态中表达阴阳之原本。宇宙如此，生命亦如此。

另一件作品《阴阳两谐》使用金属铁丝串联起服装辅料子母扣，在和谐包容的人体造型中显得肃穆而又静谧。但近看那随意弯折的铁丝线头又如荆棘漫布。生理知觉瞬间触发，似乎在静谧美好之间又暗藏危机。吕越这个第一件呈现东方阴阳美学思考的作品，也是一件根本不能穿着的女性胸衣。但服装"可穿"和"不可穿"的争论并非无解命题，因为存在既有因果均衡。

2020 年有感于疫情期间居家生活用品消费激增的状况，吕越创作出全新作品《消费》。利用废弃商品包装进行二次创作，蛋托和包装纸承载了消费和欲望的思考。先有鸡还是先有蛋？这是一个无比古老的生命议题。在玩笑与戏谑中、在记忆与当下中、在解构与重塑中，它是需求价值和消费价值的因果，也是废弃材料和点石成金的均衡。

时装艺术多样性、模糊性的特点让我们在未来的艺术方法和设计执行中大有可为，而自古东方造物语言的哲学性能为现代时装艺术的美学内涵提供了更多的可能性和更加自由的空间。因此时装艺术是一种认识生活的活动，它应该遵循人类最本真的一种"身体 – 环境 – 情感"的感知。服装本不应是枯燥而缺乏人情味的极端主义作品，而时装艺术的价值又何止于美。

中国印一礼教行章

Part·吕 越

吕越　*Lü Yue*

(Introduction)

吕越，中央美术学院教授、硕博导师
设计师、艺术家、策展人及中央美术学院时装设计专业创建人
时装艺术国际同盟主席、中国服装设计师协会学术委员会专家委员、
时装艺术国际展策展人

女红

丝绸、玫瑰花、玻璃钢
尺寸可变 / 2013

作品《女红》借用女红的"红"（gōng）字的另一个读音红（hóng）作为作品的视觉基调。以丝绸材质、讲究做工的紧身胸衣作为作品的主体，描绘女性的柔弱与坚强。整个系列作品由 900 朵玫瑰组成，与红色的胸衣相得益彰，在为期多日的展览中，记录花朵含苞、开放、干枯的过程。当花蕾落地逝去之时，角落里的银色玫瑰便是鲜艳的化身，是记忆与现实的纽带。

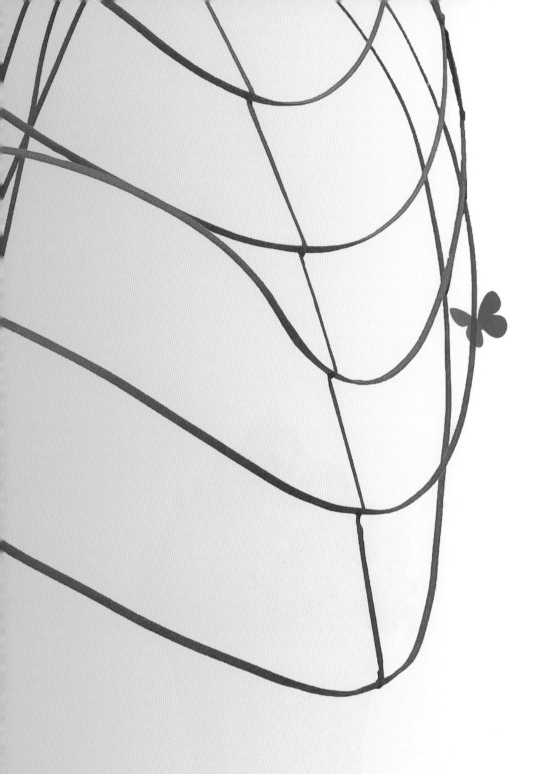

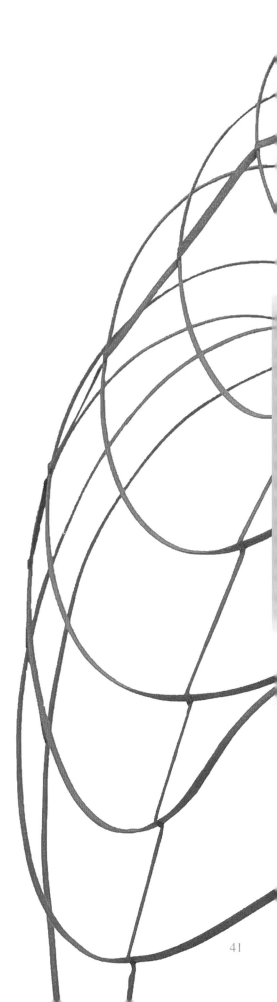

美美之合

丝绸、棉布、纸、塑料(裙撑用)
尺寸可变 / 2020

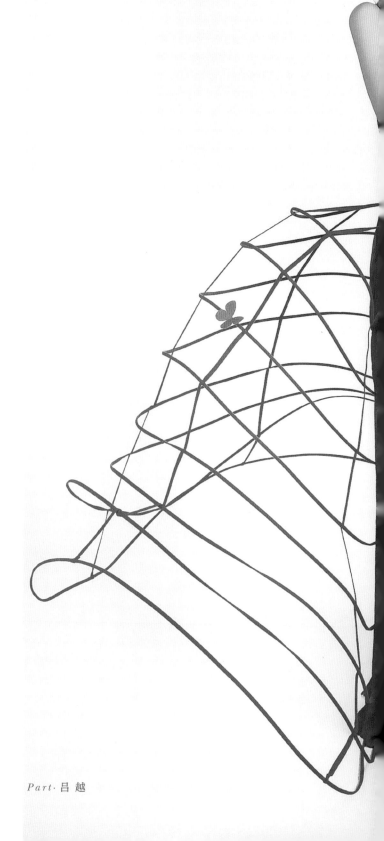

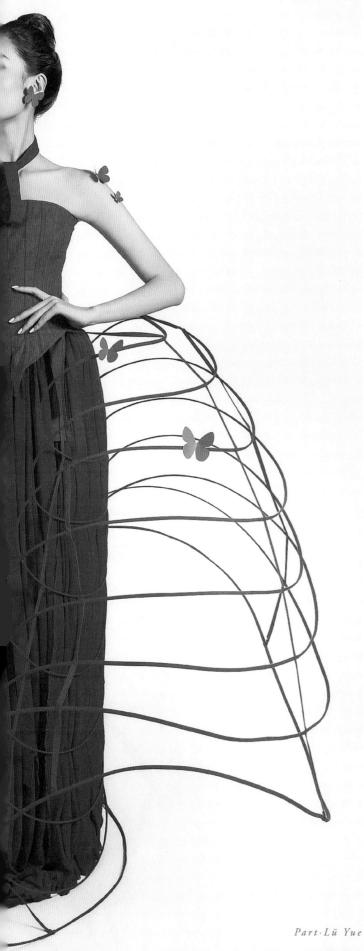

Part· 吕越

《美美之合》是表现女性创造者技艺的作品，融合了织物专家王晨、苏绣传人邹英姿的特长，构成一织、一绣、一缝组合的作品（其中宋锦的提供者为王晨，苏绣缎的提供者为邹英姿）。作品表达了中国传统女红在当代生活方式下的"存活"状态，并借助西方"裙撑文化"的要素，诠释出不同文化的碰撞交织、中西合璧，以及作为一个文化个体在当代语境下的思考与尝试。作品构思独特，将另外两位参展艺术家的宋锦和苏绣有机结合，展现女红的新魅力。

Part·吕 越

中国印

丝绸、亚克力

尺寸可变／作品被中国丝绸博物馆收藏／2009

《中国印》是 2009 年为中华人民共和国成立 60 周年庆典活动而设计制作的。
60 枚印章分别代表新中国走过的 60 年历程——从 1949 年到 2009 年的 60 年。
作品的颜色采用中国老百姓喜闻乐见的大红色，红色饱含了吉祥喜庆之意。服装
采用带有传统纹样的中国丝绸与西式晚礼服款式结合的造型。首饰用阿拉伯数
字与中国表示年份的文字组合成图章的内容，比如 1949、2009 和己丑，1997 和
丁丑，2000 和庚辰，2008 和戊子，等等。作品强调和呈现的是东方和西方文化的
结合。无论是服装部分，还是首饰部分，都采用融合的手法，将东方和西方元素
有机地结合起来。作者希望通过这种设计的表达方式，传递不同文化的视觉印
象，呈现西方文明与中国传统的融合。

小龙

丝绸、棉布
120cm×50cm×30cm / 1990

作品《小龙》创作于 1990 年，作者自己手绘的图案龙，巧妙地"盘踞"在身体的
前面、侧面和后面。黑色的面料衬托彩色的龙图，加之多层超短小裙，带有短裙
苗的民族服装的风貌，是宫廷文化与少数民族文化融合的尝试。

Part · 吕越

蝴蝶夫人

蓝印花布
尺寸可变 / 2016

作品采用印有蝴蝶的蓝印花布与布料刻成的蝴蝶进行互动,将蓬裙的弧形与鸟
笼吻合,把厨娘的围裙和大摆礼服裙进行不协调拼接……淑女与厨娘、自由与禁
锢、中国土布与西式裙撑、手工印染与激光雕刻、平面与立体、阿庆嫂与网红、过
去与现在、阴与阳、虚与实,那些看似不相干的东西似乎又显现了相互支撑的和
谐。矛与盾共存,正是作者要表达的内容。

云裳

透明纱、丝绸
尺寸可变 / 2019

作品采用云朵之形作为平面轮廓，印有作者自拍照片的布料呈现天之云海的丰富变化，使得着身以后的效果与平面形态有个呼应的效果。现在似乎进入了"云时代"，伴随着科技的进步，"云"的出现频率越来越高，甚至成为生活的一部分。中国早有"云裳"之曰，在传统文化中云裳是形容华美的衣服，作者借用云裳之词，表达服装与人、与自然、与科技的关联，借此探索未来衣服的多种可能性。

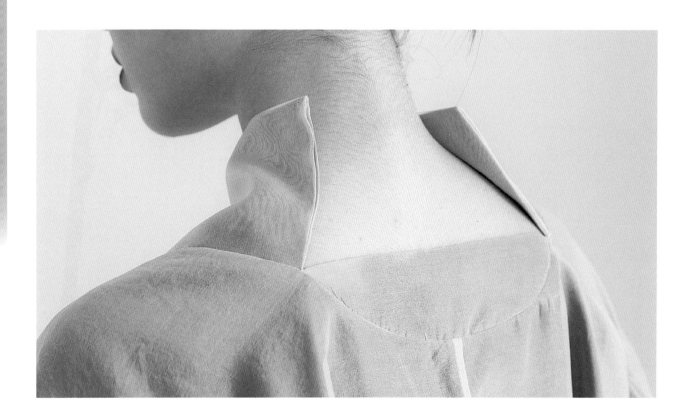

化

蚕丝、蚕茧、竹制绣花绷、发光线、蝴蝶标本
尺寸可变 / 2017

古人云："变者，化之渐；化者，变之成。"作品取名《化》，希望借此表达事物
的本性。"化"是会意字，左边是"人"，右边是颠倒的"人"，意为颠倒了就变化了。
世界是由"变化"而来，一切皆"造化"。

消

废弃口罩

尺寸可变 / 2020

中国艺术家吕越的作品《消》用废弃的口罩作为主要材料,展示了她在疫情期间戴着口罩参观博物馆、去书店等地盖章、在口罩上书写等日常行为,以及她把口罩组成的衣服剪碎的过程。散落在地上的碎片预示着病毒消失、消亡、消解、消融,人们不再需要口罩的美好祝愿。作品最后定格在有自己名字的印章上,与众多公共文化空间都有印章的现象呼应。中国人有用印章代替签名的习惯,一个私人印章代表了一个人。这种表达方式意在传递每一个人都躲不开疫情的影响,抗击疫情,人人有责。

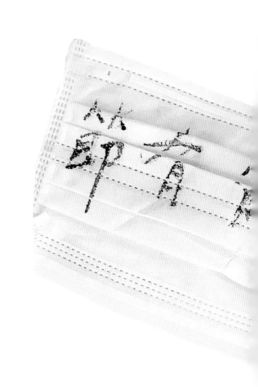

痕迹 2 号

丝绸
尺寸可变 / 2013

痕迹可以是历史和文化对我们的影响，也可以是自己的经历、过往的岁月。女性的生活离不开针线，无论是古人，还是今天的女人。回望过去，我们的今天有着太多历史的痕迹。用白色透明丝绸表达当下，用彩色线型装饰表达遗留的痕迹，周边的蝴蝶是历史转化的结果。

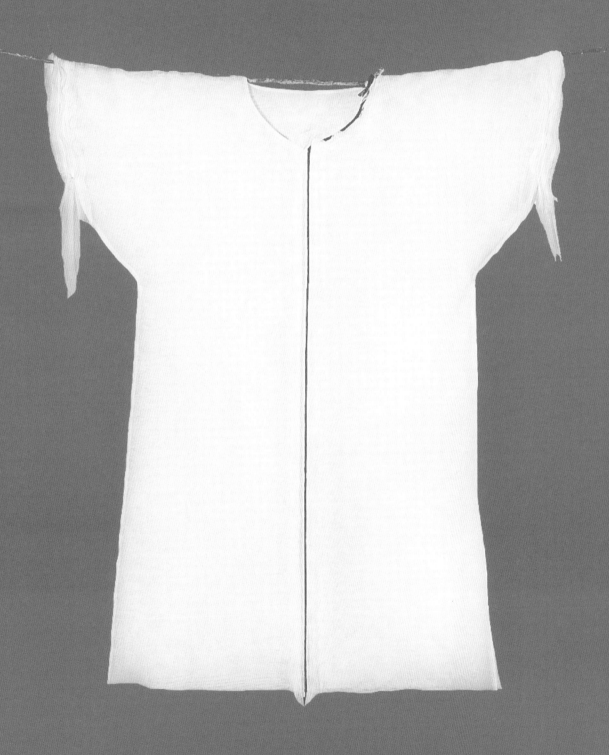

Part·吕越

美 美 之 合　　　织 绣 云 裳 艺 术

消费

纸

尺寸可变 / 2020

先有鸡还是先有蛋？这个古老的问题让吕越对其中的因果关系发生了兴趣。同样，
需求价值与消费价格之间似乎也有这种扯不清的因果关系。她把带有价格数字
的商业海报团成鸡蛋形还原在蛋托里，用以暗示消费与欲望的关系。

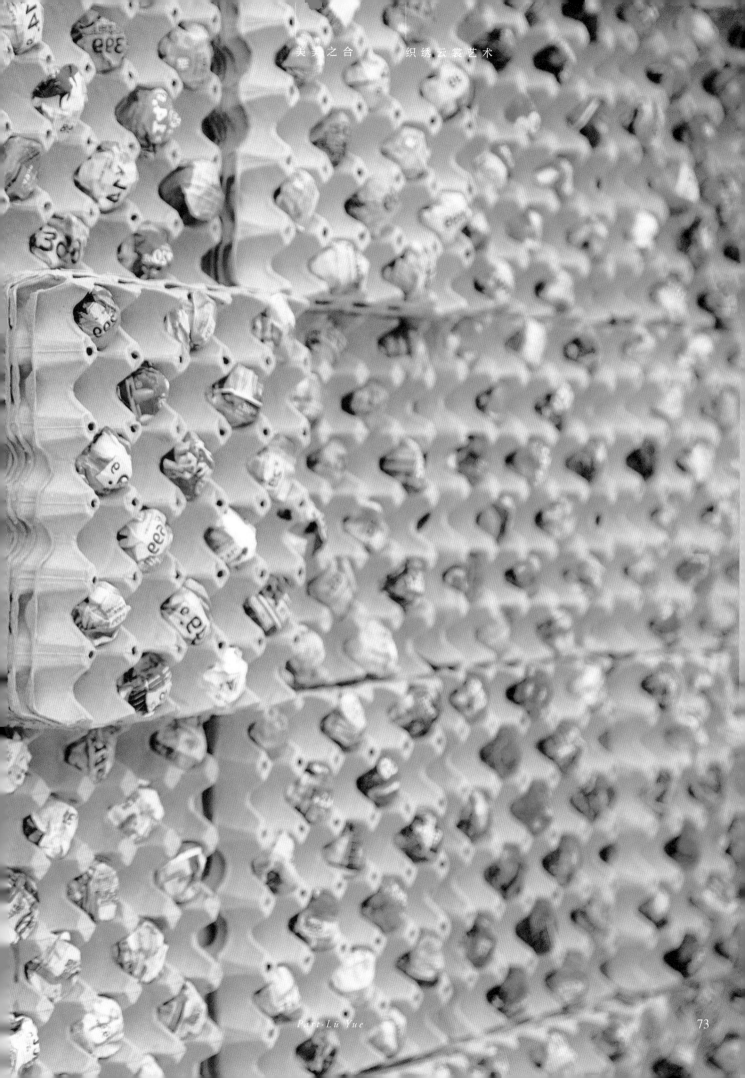

*Part·*吕 越

叠

丝绸

尺寸可变 / 2017

作品《叠》利用丝网印技术，错开定位的蝴蝶图案，经过缝纫出现层层叠叠
的效果，旨在表现不断变化的世界。

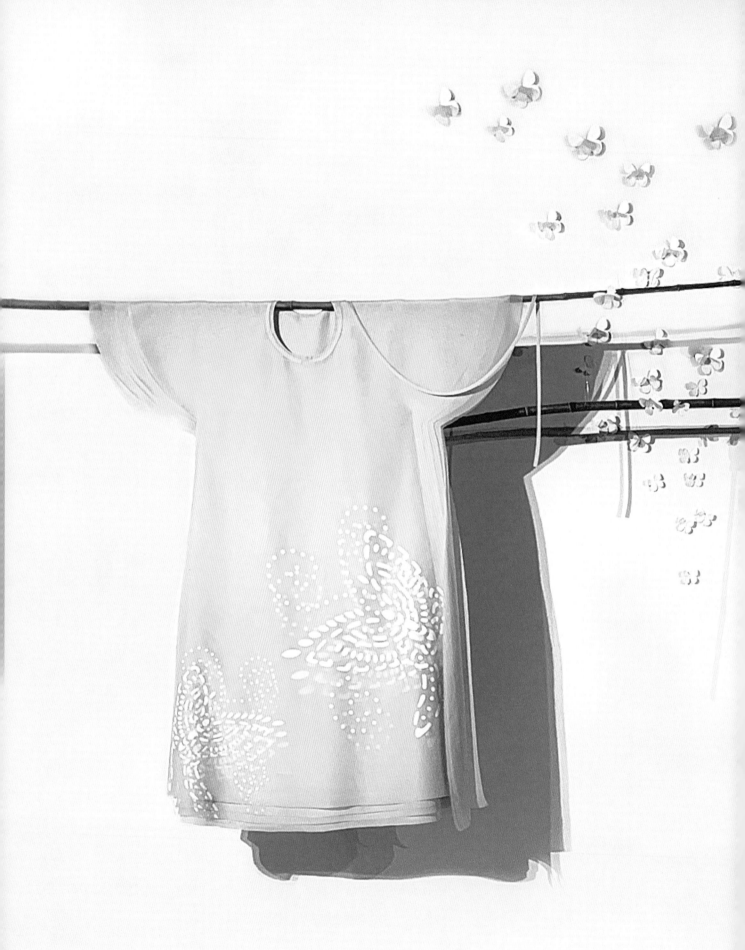

Part · 吕 越

美 美 之 合　　织 绣 云 裳 艺 术

丝绸技艺之美相伴我始终

王晨

2020 年岁末，苏州丝绸博物馆举办了"美美之合　织绣云裳艺术展"，这是由中央美术学院时装艺术专业的首推者吕越教授策划的专题展，是织、绣、衣三个不同专业领域内有一定造诣的三位女性设计师联袂融合的丝绸艺术展，我有幸成为参展者之一。

纺织丝绸技艺的发展是人类文明进步的表现之一，女性在其中的贡献如本展览学术主持李超德教授所述："从织至绣，再到衣，伟大的女性在漫漫历史长河中贡献了自己丰富的心灵和艺术才华，抒写了悸动和华美的艺术篇章……它是温情的、感性的、内敛的、中性的，成为精致生活倡导者、创造者、实践者的心灵附着物。"展览正是以"女红"织绣艺术为切入点，落脚于传统技艺与当代艺术的融合延伸，通过"美美之合"呈现传统中国文化中的织绣艺术，以及女红技艺在当代生活方式下的新概念，旨在让观众从多视角多领域艺术层面的观赏中引发新思考，感受中华古老丝绸文明的博大精深。

丝绸，它自产生起，就始终是"技术"与"艺术"相辅相成的完美结合者。然而，丝绸织染艺术不同于一个人就可以操作完成的刺绣艺术，它从一片桑叶、一粒蚕茧、一根丝线开始，通过符合织造生产工艺的设计制作，才能形成一块块光泽优雅、各具特色的丝绸织物，它在道道工序的裂变演化过程中汇聚了许多人的智慧，更有着无数的创造发明与设计。我一直很欣慰 40 多年前的一个偶然机会，让我与丝绸之美结下了情缘，并将丝绸之美逐步渗透于精神世界。作为一名丝绸织物的研究者、设计者、参展者，我能够奉献于观众的是那些封存了几百上千年技艺的丝绸文物复制品和仿制品，还有在传承技艺基础上设计衍生的创新类丝绸艺术品。

复制丝绸文物是一项非常严谨的设计制作工程，每一件文物都是独特的艺术品，只有完全探究清楚它的经纬组织构成、图案结构、色彩工艺、织造工艺，并在了解同时期丝绸发展历史和纺织技术进步的基础上，才能制定具有针对性的技术路线，设计出符合文物信息要求的织物规格和操作工艺。在此过程中的反复推敲、试验、试样，都是当代设计师与古代设计师一次次穿越时空的对话。每当它们被成功再现时，我都会由衷地敬佩古人高超的智慧与艺术水平，而这也更加激发我不断向前的信心与定力。

展览中呈现的汉代"菱格对鸟纹绮"、唐代"彩条绫"、元代"龙凤纹织金锦"、清代"湖色缠枝牡丹纹漳缎"、民国"三闪文华纱"等等都是各时期丝绸品种的典型代表。再现的历史实物为古代丝织品又延续了生命，使当今的人们增强了对古代丝织品的感性认识与民族文化自信。"让收藏在博物馆里的文物、陈列在广阔大地上的遗产、书写在古籍里的文字都活起来"是习近平总书记对文物工作的指示要求，因此，让中华丝绸艺术的美更加贴近大众是我们的责任。对适宜的文物进行复仿制或提炼运用，无疑是传播文化、面向大众的一种方式。20多年前，苏州丝绸博物馆就开展了这项科研工作，在文博界属比较领先的，也影响了一些企业对古老丝绸元素进行再设计的思想。新疆尼雅遗址出土的一批丝绸文物堪称我国汉代丝织技术的最高水平。我因1996年受馆里委派赴新疆考古研究所对该批文物做分析鉴定，提供发掘报告所需信息资料，所以对它们的认识与感知特别不一般。后期我借助省科技厅青年基金项目的立项支持，复制和仿制了几件经典的丝织文物，复制品已成为我馆基本陈列中的主要展品，而有些仿制品面料被进一步设计制作成为服饰品，它们让更多人也了解和感受了汉代纹饰艺术的灿烂。对于宋锦和漳缎织造技艺的研究、传承和创新，是我近10多年间开展的主要工作，这两个保护项目都起始和发展于苏州，是清代在宫廷织造中非常盛行的上供丝织品，其技术与艺术的结合度极高，广泛应用于服饰和高档书画装帧。

作为宋锦织造技艺和漳缎织造技艺的代表性传承人，如何担负起传承的责任一直是我在思考的问题。挖掘古老的技艺，研发新产品这两个方面一样都不能偏颇，没有"守正"，就无以创新。丝织品的设计不是纯粹的艺术创作，而是工艺技术与图案艺术的结合，同时也是一门与时尚密不可分的艺术。2012年，我配合吴江鼎盛丝绸有限公司实现了宋锦织造电子化，设计的"姑苏民居图宋锦"系列作品在2012年首届创博会上亮相时，获得了公众比较强烈的反响。因为该系列作品完全颠覆了宋锦固有的标识，为宋锦在艺术产品的开发应用上树立了样板。

从不断的学习领悟到实践探索，从坚守传承到努力创新，我一直在感受着古老丝绸文明及艺术创造带来的享受，或是精神的升华，或是技艺的提升。本次展览中的展品只是一个时段里的代表，新丝路正在迎着新要求延续着，愿我们当代女性创造的"女红"艺术，持续地焕发出更加美丽的光彩！

王晨
Wang Chen

(Introduction)

苏州丝绸博物馆研究员级高级工程师
享受国务院政府特殊津贴专家
江苏省有突出贡献中青年专家
长三角区域文物专家库成员、苏州市"姑苏文化名家"
"宋锦织造技艺"和"漳缎织造技艺"代表性传承人

龙凤纹织金锦（元 复制件）

元代丝绸服饰在我国遗存极少，织金类织物更加稀少，故北京服装学院民族服饰博物馆所藏的元代织金锦辫线袍就显得十分珍贵，虽然残缺较为严重，但形制特征十分经典，为了更好探究元代时期的服饰工艺与艺术，委托苏州丝绸博物馆对袍料进行复制，王晨主持了这项研究工作。该件织金锦属二重纬结构，图案风格极具元代特色，龙凤呈祥，繁花簇拥，但由于原件面料磨损严重，且图案循环尺寸较大，所以绝大部分图案的清晰度、可辨性较差。王晨对原件做了十分详细的分析，与北京服装学院的老师一起反复揣摩图案结构，制定了一系列复制工艺规格，意匠图的绘制用了近两个月，织造试样阶段也经历了数次调整，方得到最符合要求的效果。当用金线织入后试样更加惊艳华贵，我们似乎与元代的工匠发生了跨越时空的心灵碰撞，一时间完全为千年前的艺术创作而振奋，相信用它复原的辫线袍会更加具有艺术感染力！据悉这也是目前国内首件研究性复制的元代织金锦。

耕织图锦

《耕织图》是康熙年间宫廷画家焦秉贞根据皇帝意图绘制的，康熙皇帝还亲自为其题诗，是清代所有《耕织图》的范本，现藏美国国会图书馆。《耕织图》真实描绘了中国古代丝绸织造生产场景，王晨根据线描图稿的原作进行符合丝绸织造工艺的再设计，选用汉代织锦组织，结合现代织造设计成全真丝织锦，手工绘制意匠图和扎纹板，用传统有梭提花机织造而成，是融历史性、艺术性、技术性为一体的丝绸文化产品。

胡王锦书衣

用丝绸织品装帧书面是中国古代就兴起的一种艺术，若采用织锦面料则属高档华贵的装帧。2002 年受国家博物馆推荐，与深圳雅昌彩色印刷有限公司合作，根据新疆阿斯塔那出土的隋朝织锦"联珠纹胡王锦"设计仿制，用于国家博物馆和新疆文物局联合在日本举办的《天山古道东西风——新疆丝绸之路文物特展》图录封面，受到广泛好评，2003 年获 54 届美国印制大奖。该锦按文物原件的经线提花结构及图案色彩，应用本馆民国时期的铁木织机织造而成，其质地风格保持了原文物的神韵。

黄缎地缠枝花蝶纹锦 (清 仿制件)

根据上海博物馆提供的清代藏品仿制，缎地起多彩纬花，色彩和图案与原件一致。后期该织锦被制成领带、茶巾等服饰用品。

彩条绫（唐 复制件）

文物原件是新疆吐鲁番出土的唐代彩色绫，看似简单的织物却以山形斜纹为基础组织，在结构上有着微妙的变化，经反复分析，竟然需要 40 根经线才能达到循环，研究结果让王晨感慨古代匠人精细缜密的设计思想，居然让斜纹这样的简单组织能够变得如此丰富。不仅如此，原件还在经线的色彩处理上精心布局，呈深浅过渡式条纹，增强了艺术上的感官效果，且质地平挺厚实，是唐代时期出土文物中比较少见的彩条绫。该复制件由苏州丝绸博物馆与国家博物馆联合研究复制完成，于 1998 年通过专家验收，国家博物馆和新疆博物馆分别都有收藏。王晨为主要技术执行人。

该套服装应用清代漳缎复制品面料创制，肩饰为漳缎面料，其原件藏于北京故宫博物院，为皇妃所着裌袍。王晨根据原件复制，特别之处是所起的花纹均为毛圈，且毛圈挺拔，花纹精致丰满。礼服由苏州欧星丝绸有限公司设计制作，特选与之底色接近的秋绿色真丝缎料作长裙，整体效果既显富丽又端庄高雅，2020 年该套服装被《时尚芭莎》推选。

秋绿色缠枝莲纹漳缎女礼服

和气吉祥图宋锦

以苏州桃花坞木刻年画 "和气吉祥" 图为题材,用宋锦的结构和工艺进行创新设计并织造而成。其设计创新在于将三种纬线巧妙地搭配相拼、换梭,变化出多种色彩,力求接近年画的民俗民间文化艺术,也最大限度地满足传统有梭织机的织造功能。此外,该作品的设计意图是将"桃花坞木刻年画"和"宋锦织造技艺"两项国家级非遗结合起来,彰显苏州文化特色,表达传统祈福纳祥的美好寓意。作品问世后得到广泛认可与喜爱,并于2008年获外观设计专利。

修廊如沉斷壁罌
伯粉墻圍碧瓦寮
櫳鼻徐引成獨詠
晚風吹亂石芭蕉、

明文徵明榮義院雜題

壬辰冬王家勛書於蘇州

姑苏民居图宋锦双面插屏（一组）

宋锦自明清以来一直是以规整的几何纹为花形特征的，图案装饰性很强，几乎未见自然景观生态类图案结构，这也让宋锦的用途局限于服饰和书画装帧。2012年王晨大胆选用设计师汤生的《姑苏民居》原创摄影图为蓝本，用符合宋锦织造技艺的要求进行再设计，定位于观赏性宋锦艺术品。设计构思中又特别增加了与之情景相呼应的古诗，用书法艺术演绎，通过灵活的手工绘制意匠图技术，最终该作品由电子提花技术织造而成。作品在艺术设计上完全颠覆了传统宋锦的纹样风格，展现了虚实、近远的艺术效果，在内容上体现了浓郁的人文精神和苏州元素。创新的宋锦作品亮相苏州首届创意博览会时，得到了公众的一致好评，2017年获"苏艺杯"金奖，2018年获"宋锦插屏装饰品"国家实用新型专利。

纹样意匠图的局部

Part·王晨

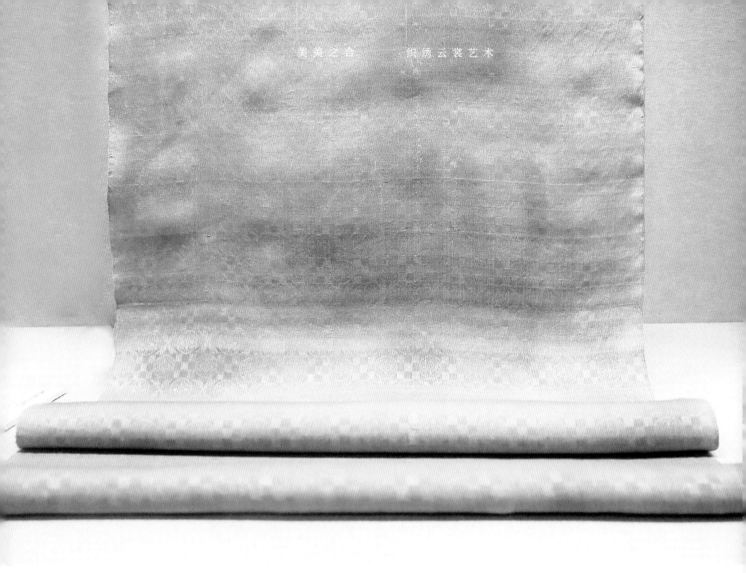

菱格暗花纹绮（汉 复制件）

文物原件出土于著名的新疆尼雅遗址 3 号墓，是男主人衣着的单袍，面料结构为汉代时特有的"绮"，图案呈九宫格，与对鸟团纹间隔错位排列，造型精致，是汉代轻薄类丝织品的精湛之作。这件织物组织图由王晨于 1996 年在新疆对照着文物原件分析后绘制，为之后的高质量复制工作打下了坚实基础。2004 年该作品复制完成，被日本冈谷蚕丝博物馆收藏。

印花绢（唐 复制件）

文物原件是一件新疆吐鲁番出土泥俑所穿的裙，面料为桑蚕丝印花绢，被裁剪成6片梯形，再缝合为喇叭状的裙，其质地细腻。复制研究中如何对图案的结构进行复原是关键问题。一块绸被裁成6片后，图案有缺损还是完整呢？整个研究过程还包括一个花纹循环是否符合唐代织物的门幅尺寸等等关键数据的研究。经详细研究复原后，确定是以宝相花为主，在构成的六角形造型内间隔填有花卉与动物，十分精美，体现了唐代时期的印染技术。整块印花绢绸印制完成后，又按原件的尺寸形制裁缝成出土时的裙片，这让我们感受到了唐代"女红"的艺术审美与裁剪缝制的技术魅力！该复制件由苏州丝绸博物馆与国家博物馆联合研究复制完成于1998年，王晨为主要技术执行人。

弥勒佛像锦 (元 仿制件)

根据元代"织锦弥勒佛像唐卡"仿制,原件长72厘米,宽51厘米,中央为弥勒佛,莲座台前正中为多闻天王,左边是黄脸的苦婆罗,右边是黑脸愤怒的苦婆罗,立于弥勒佛身旁的是莲花手菩萨及观世音菩萨,云端之上的是毗舍浮如来和迦菩波如来。该全真丝像锦由传统经显花结构与现代织造技术相结合的工艺制织而成,是唐卡制作工艺中不太多见的。

英奈尔绡方巾

该款方巾面料采用小提花织造与烂花印染工艺相结合的技术，使织物具有通透
轻盈的纱地，又具有紧致结构的小提花暗纹，厚薄适中。其特征是双面效果相同，
花地凹凸分明，手感丰满有弹性，在门类各异的围巾面料中独具优势。围巾由英
泰时尚服饰（苏州）有限公司会然品牌生产制作，并通过"苏州丝绸新产品"鉴定。

白地五湖四海纹漳缎

以明代织金锦"五湖四海纹"图案为蓝本,采用漳缎的组织结构及工艺设计织造

而成,织物上五个葫芦与五朵梅花构成团纹,四个海螺形成的图案为角花,体现

了我国自古以来倡导的民族团结、互爱互利的文化精神。

白地四季花卉纹漳缎男女装

服装主面料为漳缎，图案源自故宫博物院藏明代"红地织金四季花卉纹绸"纹样，
采用漳缎的组织结构及工艺设计织造而成，织物上牡丹、莲花、菊、梅四季代表
性花卉齐聚，寓意四季平安祥和。礼服由苏州欧星丝绸有限公司设计制作。

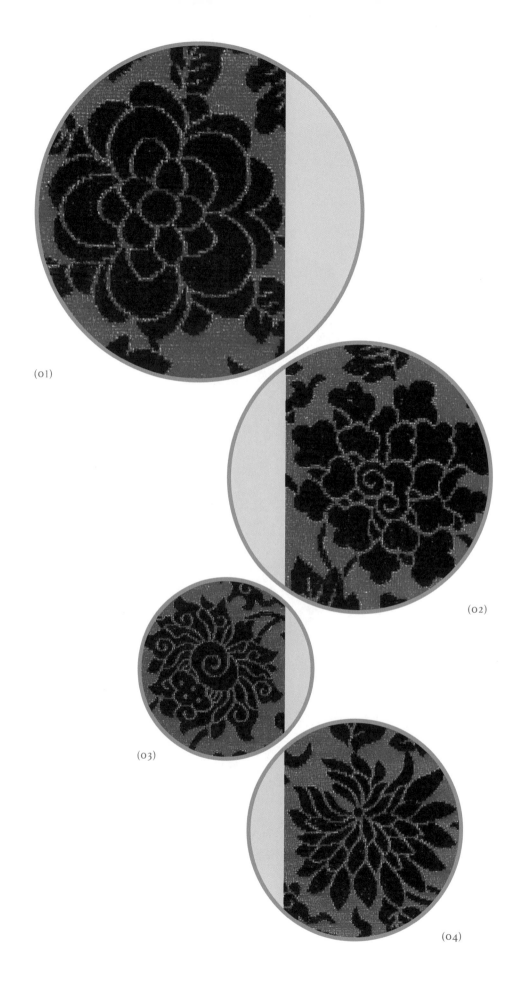

(01)

(02)

(03)

(04)

Part·王 晨

红地四季花卉纹漳缎

以明代织金锦"四季花卉纹"图案为蓝本,采用漳缎的组织结构及工艺设计织造而成,织物上牡丹、莲花、菊、梅四季代表性花卉齐聚,寓意四季平安祥和。

云龙纹锦（明 仿制件）

该作品设计于 2000 年（龙年），图案源自明代"云龙缂丝"，龙呈升起的动势，线条流畅，彰显着中华民族积极向上的人文精神。织锦采用平纹经起花结构设计织造而成。

藏蓝地花树缠枝菊纹宋锦 (清 复制件)

根据清代册页封面的宋锦原件复制。

吸引王晨关注并希望实施复制计划的原因有 3 个：首先是图案结构不同于常见的几何形四方连续纹样，而是具有单一纵向的图案，以一棵花树为中心，枝叶茂盛、花果饱满，尤其花树的托架特别引人注目，是具有欧洲罗马风格的艺术装置，花树的上方设有姿态优美的菊花，缠枝状的大小菊叶布满其上，整体呈左右对称状。这种纹饰类型在宋锦中极为少见，具有清代中后期中西艺术的相融特征。其次，织物结构不是常见的宋锦三枚经斜纹为地、三枚纬斜纹为花的典型特征，而是缎地起多重斜纹纬花，其缎纹的组织不是清代时常见的八枚缎、五枚缎，而是清代宋锦文献中就有记载的六枚不规则缎纹，它与三枚纬斜纹起花的结构十分契合，这是古代工匠在普通宋锦织机装造工艺上进行改良变化的创造发明，它让宋锦织物的质地更为平整细腻，尤其光泽大大优于三枚经斜纹，与三枚纬花的对比度增强，故而立体感也强于常见的斜纹结构宋锦。最后，该织锦图案的循环较大，配色独特，以藏蓝和翠绿为主色，土黄、浅黄、橘红三色为点缀，应用了彩抛工艺，总体色调不是传统宋锦的古朴温和风格，而是静雅清新。正是因为其是存世宋锦中比较少见的类型，所以王晨认为值得复制研究，让中西文化与艺术交融的宋锦再活跃于当代。

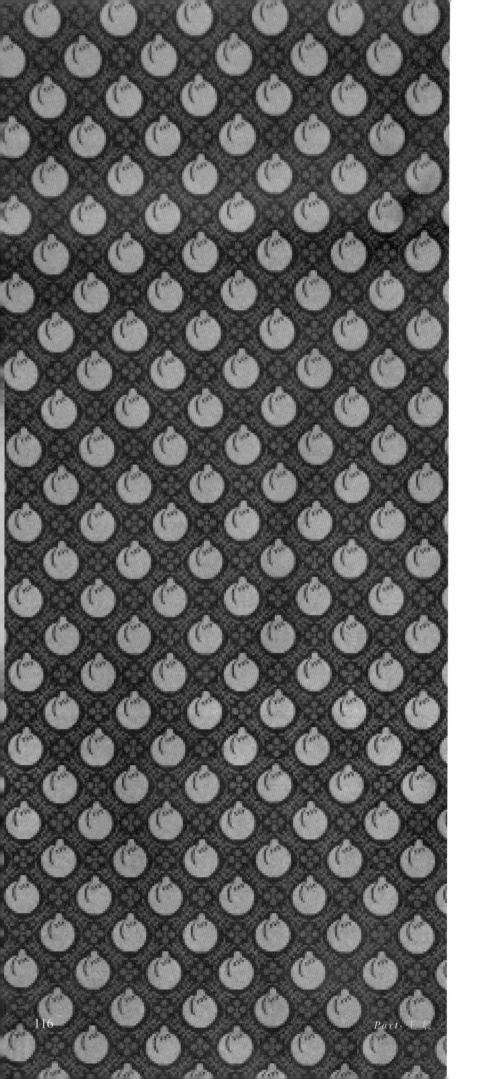

福寿纹宋锦双面长巾

作品的面料为宋锦，其图案源自台北历史博物馆所藏清代福寿纹织金锦，以"寿"字与梅花构成菱格骨架，中间内填一只形象逼真的"蟠桃"，寓意福寿。织物用宋锦的结构与工艺设计织造而成，并经过柔软处理，与薄羊绒缝合成双面长巾，不仅具有锦缎的富贵与立体光泽感，还增强了保暖性，男女兼用，具有一定的品质与实用性。

湖色缠枝牡丹纹漳缎
（清　复制件）

根据清代漳缎原件复制。

漳缎是清代早期由苏州织造府御用工匠创造的一种缎地提花绒织物，常见为单色绒。该作品根据故宫博物院藏文物原件复制，由多彩经线起缎地绒花，花纹精美、色彩富丽，且绒毛的处理有部分割绒，部分保留绒圈，因此花枝造型活泼，层次丰富，立体感极强，是清代漳缎中的极品。选择该件文物进行复制研究是极具挑战性的，如何让三组彩色绒经线同时起绒花？如何满足绒毛和绒圈同时呈现？在经密高于常见漳缎一倍的情况下，如何让绒经架符合织物要求和织造要求？等等一系列高难度的问题摆在王晨面前，一旦与故宫博物院签订了合同，可是没有退路的。然而这件精美的漳缎实在是诱惑力太强，破解奥秘也是传承人应有的责任，于是王晨坚定地向故宫博物院提出复制请求。复制工程是浩大的，包括组织结构、织物规格、图案临绘、花本制作、丝线颜色确定等等，不仅要专门为此漳缎定制特大尺寸织机，而且装造工艺不同于一般漳缎，三名技工用了一年时间才完成造机工作。研究成果于 2018 年 12 月通过了故宫博物院组织的专家验收，复制件入藏故宫博物院，2020 年被《时尚芭莎》推选。

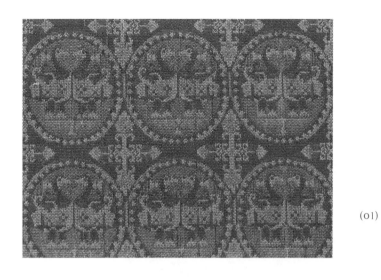

(01)

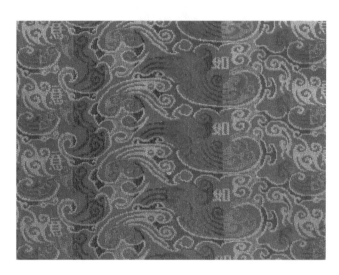

(02)

(03)

红地对鸟纹锦（唐 仿制件）

织物原件源自唐代织锦，红色地上联珠团窠内一对瑞鸟，鸟羽和角花都具有西域风格，色彩丰富。其作为项目成果之一曾获江苏省科技进步三等奖。

如意纹锦（汉 仿制件）

该锦以新疆丰县尼雅遗址 1995 年出土的汉晋"安乐如意长寿无极"锦枕的面料为蓝本，图案取其具有"如意长寿"文字的部分为仿制设计区域，在结构上与原件组织一致，由绛红、藏蓝、浅黄三色显花，纹样主题为象征着"长寿"的茱萸蔓草纹，构图严谨细致，体现了古代精湛的丝织技艺。该件展品由王晨结合科研项目设计制作完成于 2003 年。

安乐纹锦（汉 仿制件）

原件于 1995 年出土于新疆尼雅遗址，为 M8 主人衣袍襟缘镶饰的织锦面料，红色地上蔓枝状茱萸纹间，布局着栩栩如生的虎、豹、鸟等瑞禽兽纹，"安乐绣"汉文字镶嵌其中，体现了驱邪祥福之意。原件的色彩极为艳丽，尤其红色为地的汉锦较为稀有，是王晨在 1996 年检测临绘该遗址织锦图案中认为非常美丽的一件，留下的印象极为深刻。故王晨于 2003 年以当年绘制的图案为依据，制作了花本，并在组织结构、花纹色彩等方面保持了原文物风格，这也是自从尼雅出土该文物以来，对其进行仿制的唯一面料。后期通过制作成的领带、桌旗等饰件形式，让今天的人们近距离感受到了汉锦之精美。

万字地缠枝花卉纹宋锦（清 仿制件）

根据清代宋锦残片仿制。该宋锦原件是来自上海博物馆清代书画装帧上的织锦，属典型的宋锦中的细锦，在结构上虽然是常见的三枚经斜纹起三枚纬斜纹，但不同于一般细锦的独特之处是"抛梭"技艺。"抛梭"在宋锦中应用十分普遍，其目的是让原本只能显现三色的重纬结构，可以在不增加纬重数的前提下，通过局部纬线换色的工艺达到多彩。该件织锦的"抛道"有六色，但发现相同花纹的色彩在相邻的花回里却不同，在查阅书籍中发现相同花型不同配色的这件织锦有好多种，通过对比发现实际整幅花回内有七组花型，正是这个差异，让一个完整的花色长达70多厘米。多么精妙的设计！王晨被古代工匠的智慧所折服，于是下决心来对这件有意思的宋锦进行研究。

Part · 王 晨

茱萸纹锦茶巾

根据 1995 年新疆尼雅遗址出土的汉代"茱萸纹锦覆面"的面料仿制。仿制品的组织结构、花纹色彩等保持了原文物风格，织物纹样具有驱邪、吉祥的寓意。面料被制成茶巾、领带后应用于现代生活，也是 2000 年期间比较早设计开发的"文创品"。

千秋纹锦（汉 仿制件）

根据 1995 年新疆尼雅遗址出土的一件织有"千秋万岁"文字的锦枕面料仿制。
文物原件纹样独特，用茱萸纹构成延绵山峦形，再饰有云纹及瑞禽纹，风格别
致，气势雄伟。王晨根据当年对照文物原件临绘的图案稿设计，故仿制品在织物
结构和纹样上保持了整体风格相似，也是该件文物迄今仿制的唯一面料，完成于
2002 年。

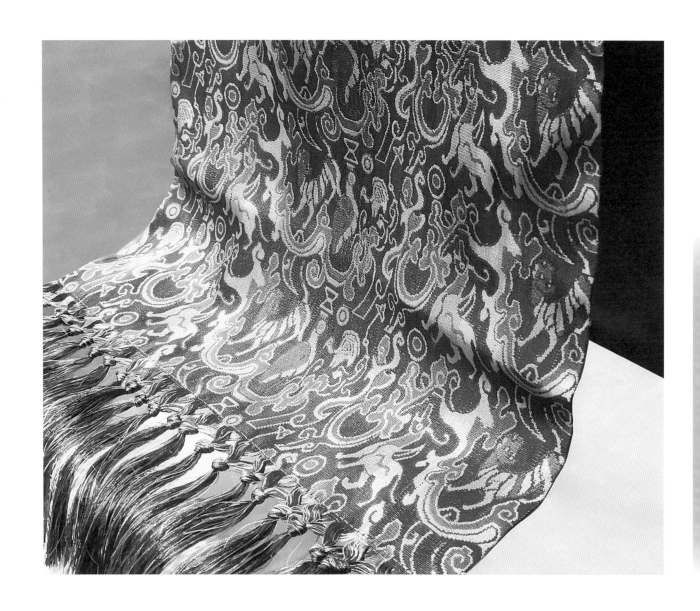

东方锦茶巾

织物根据新疆尼雅遗址出土的汉代"五星出东方利中国"锦护膊的面料仿制,并
由新疆文物局授权、上海博物馆委托设计生产,制作成茶巾、领带。为了区别于文
物原件,本仿制品故意去除了几个著名的汉文字,王晨作为主要技术执行人将图
案进行了微调,并在色彩和平纹经起花基本结构上保持与原件基本接近。本仿
制品设计制作于1997年。

绿地凤穿牡丹团花团龙纹宋锦（清 复制件）

根据清代册页封面的宋锦原件复制。

这件宋锦复制的意义在王晨看来有两点。其一，织物结构为六枚缎地起多重三枚斜纹纬花，是清代宋锦中应用不广泛的"重锦"，质地平整细腻，光泽优于常见的斜纹结构。其二，纹样由大小团窠纹构成，大团窠在藏蓝地上布局着等距离的小圆点，类似唐代典型的联珠团窠纹，当然唐代的"联珠"要大得多，几乎占满团窠的环圈，显然它具有唐代的纹样艺术特征。此外，宋锦的结构也主要源自唐代织锦，所以它们这两个元素结合在一起形成了唐时风采，却又有清代时期的创新。团窠内填花纹为中国传统的凤穿牡丹，且极为写实，完全没有唐锦的西域风格。不仅如此，在大团窠四方相连处又点缀着小型团龙纹，构成大小团纹十分规正的布局，既平稳又主题突出，并在角花处由细致的六角龟背纹铺地，使整体图案疏密适当，通过彩抛工艺，锦面色彩丰富，装饰性很强。

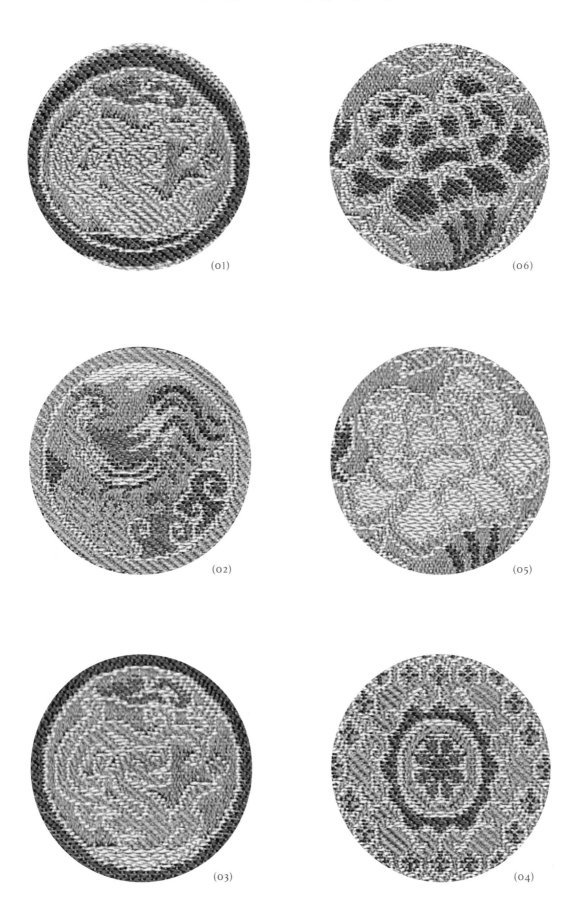

(01)

(06)

(02)

(05)

(03)

(04)

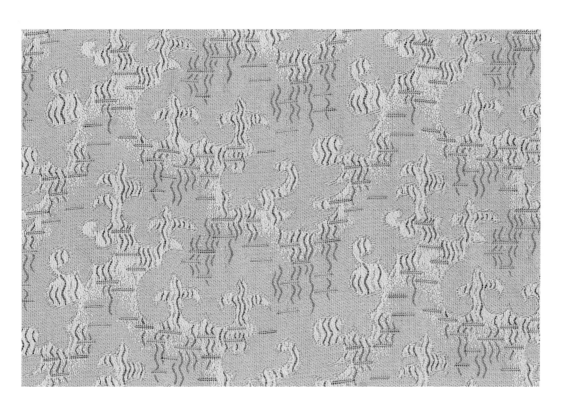

三闪文华纱（民国 复制件）

织物原件源自苏州百年老厂振亚织物公司出品的"三闪文华纱"，是参加 1923 年美国纽约万国丝绸
博览会、1926 年费城世界博览会的获奖产品，是最早将人造丝与桑蚕丝交织的提花纱罗织物。它巧
妙地将平纹、缎纹和绞经罗组织恰当地组合，呈现出质地细腻、光泽闪烁、立体感强的艺术效果。但
由于密度高于常见纱罗织物一倍，且三种组织配合形成的花本设置也是当今纱罗织物所没有的，故
试样难度较大，研究复制工作具有挑战性，反反复复进行了一年多才符合织物要求。这是目前复制老
振亚样本的首件织物，由王晨挂帅研究，与苏州锦达丝绸织造有限公司联合织制成功。期间研究人
员深切体会到了丝绸前辈的设计水平与深厚的艺术修养。王晨希望通过复制研究将这种高超的设计
思路与技术服务于当代。她认为，我们不仅是探求者，还应该是丝绸时尚的引领者。

文徵明《冰姿倩影图》宋锦

以著名明代书画家文徵明《冰姿倩影图》影像资料为设计蓝本，着力表现出原
画作中水墨浓淡深浅的韵感，以及中国印章的独特魅力。该作品在 2013 年苏州
博物馆举办的《衡山仰止——吴门画派之文徵明特展》中以衍生品的形式亮相。
这些研究性实践活动让艺术类宋锦技艺的设计趋于成熟，也让传统宋锦在内容、
形式和应用领域跨出了新的一步。

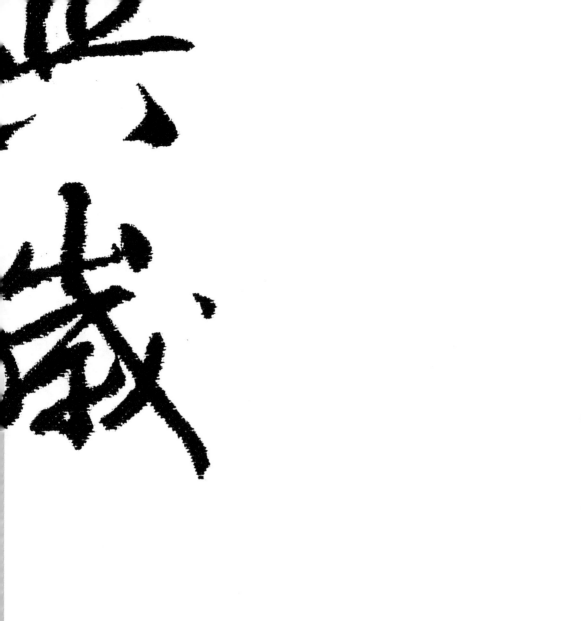

文徵明"七律"书法宋锦

历史上的宋锦以服饰、装帧为主要用途,未有书画宋锦出现,王晨以创新的视角思考当代宋锦可以呈现的领域和艺术表现形式。2013 年王晨尝试以宋锦织物结构及织造工艺为设计要素,以著名明代书画家文徵明"行书七律二首"的原作影像资料为设计蓝本,手工绘制符合宋锦组织、经纬密度和织造工艺的意匠图,利用黑白灰和朱红四种真丝线的合理配合,表现出书法艺术上笔律结构刚柔相济的独特韵味。

樽酒淋漓味自陳燈撥審歷忽已始一行刪了休頻

廉四壁照寒齋架上書籤筍堪向數撥窮經應與歲俱

陳東風吹書得春來畢早有梅花慰索居　乙巳除夕笑祥

先報人居驛淅氣稍煖柴門隔自占風色屢刻先欣

先招人暗喚讀鄭陽歲暮年光景書連畫桃符履自

平平事一度相看一度新　丙午元旦

徵明

翁同龢"平安"书法漳缎挂轴

应用漳缎织造技艺设计创制。

作品以翁同龢著名的"平安"书法为蓝本,采用漳缎的组织结构和工艺设计织造而成,其中意匠图绘制对原作高度还原,突起的绒毛使原本平面的书法增加了立体感。

自古以来出现的漳缎均以服饰为主要用途,故图案也以四方连续为主,少有定位式花卉纹。而以书法艺术表现漳缎织物的特性则是王晨的创新,她尝试以这种形式拓宽漳缎的应用领域,以方便让非遗产品走进人们的现代生活。书法漳缎系列作品于 2014 年亮相第三届中国(苏州)创博会时,得到了人们普遍认同,《一种漳缎装饰品》获实用新型专利。

邹英姿

*Part·*邹英姿

绣出一个深情的世界

邹英姿

我出生在江南一个叫镇湖的地方，那里是苏绣的故乡。我和当地的其他女孩子一样，从六岁开始便拿起针线，跟着母亲学习刺绣，打下了扎实的传统刺绣功底。长大后，拜入著名刺绣大师王祖识先生门下，深研艺术刺绣的精妙。在老一辈刺绣家母亲一样的培育和鼓励下，这门手艺以温暖人心的方式得以传承。

刺绣可称为"母亲艺术"，历代的母亲们用一双双巧手做出许许多多优秀的东西，创造过许许多多光辉灿烂的艺术瑰宝，她既可以在殿堂上熠熠生辉，也能在民间装点着人们的衣裳。在这个"美美之合　织绣云裳艺术展"里，刺绣与华服锦绣美美与共、相得益彰。

作为一个刺绣从业者，向历史、向古人学习是一条必经之路。在这条追求艺术的道路上，我深刻地体会到古人对信仰的虔诚和对艺术的尊重，传统文化需要回头看，这也为我以后的刺绣艺术创作打下扎实的功底。做刺绣，也是在讲述中国故事。如何讲好这个故事，首先需要静下心来，找到刺绣的初心，把她绣出来。在我这里，这个初心是为了让人们得到温暖，让人们的生活增加美感，让人们获得更多的幸福感。

苏绣艺术不同于其他艺术形式，它常表现为精致的、巧妙的、创造性的作品，这也是中国刺绣的精彩之处。在生活中，艺术家是通过对美的理解对生活做出概括和反映的，使生活中的美得到最大限度的提升和发挥，形成独特的美感。刺绣作品的美并不完全取决于尺寸的大小和材料的贵贱，也不拘泥于技法，而在于独特的构思，辅以相应的技术条件，来达到物质材料本身所没有或难以达到的艺术效果。刺绣艺术的多种表现形式、多种风格特点，向我们展现了一个丰富多彩的艺术世界。我一直想在自己内心留得一片幽静深思的耕耘之地：用艺术的语言和形式在潜移默化中陶冶自己的心灵，融入自己对生活中美好事物的向往和追求；用千针万线绣出智慧、理想和审美情感；以五彩丝线在梦幻和现实中间穿行，绣出一个深情的世界。

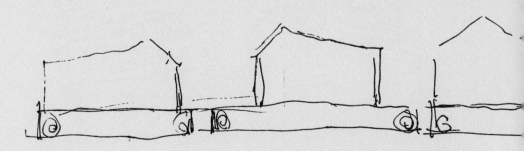

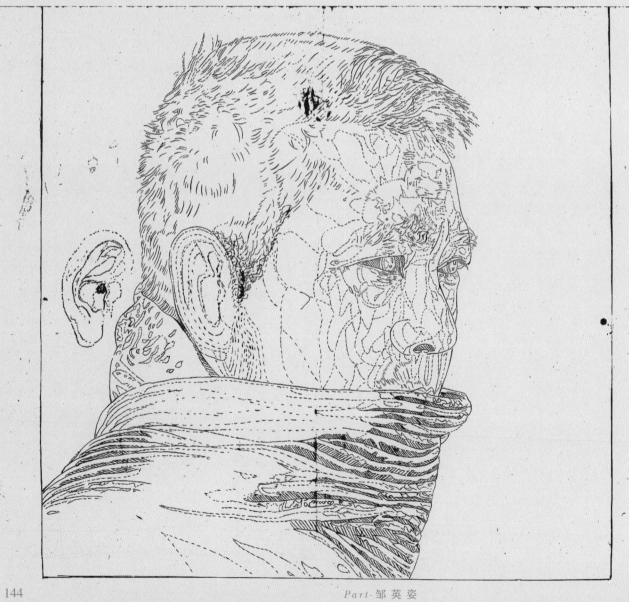

Part·邹英姿

我们的祖辈曾经创造过许许多多光辉灿烂的艺术瑰宝，这是我们应当继承和发扬的宝贵遗产。传统文化需要回头看，看看前人树立的标杆。只有学到了前人的精髓才有资格说发展，没有扎实的功底，创新就只会是空谈。古为今用，洋为中用，正如杭间老师说过的那样："这个创造并不是无中生有，刺绣在女工生活中，要把传统中忽略的东西提取出来，赋予现代的审美。"没有传承，就是无本之木，无源之水。"问渠那得清如许？为有源头活水来。"这活水就是我们伟大的中华民族数千年来创造的文明的光辉，这光辉闪耀在世界的东方。向古人学习，向传统致敬，这正是我孜孜以求的目标和方向。

*Part·*邹英姿

邹英姿
Zou Yingzi

(Introduction)

研究员级高级工艺美术师

中国工艺美术大师

广州大学美术与设计学院客座教授

苏州工艺美术职业技术学院传统工艺（织绣）产业教授

"邹氏滴滴针法"获得刺绣技法类首项国家发明专利，为国家注册商标品牌

*Part·*邹英姿

柳树系列

滴滴绣

30cm×40cm

江南的早春, 是和春风一起来的,

春风起处, 柳条在春风中舞蹈,

柔软的, 好似少女的纤腰。

江南的早春, 是和春雨一起来的,

春雨落下, 柳条将雨滴串成珠链,

美丽的, 就像珠帘在飘摇。

春风唤醒了柳树,

柳枝上, 嫩芽已经含苞,

春雨滋润了柳树,

一夜间,

绿得如此妖娆,

江南的春天, 你早,

江南的春天, 你好。

(o1)　听雨

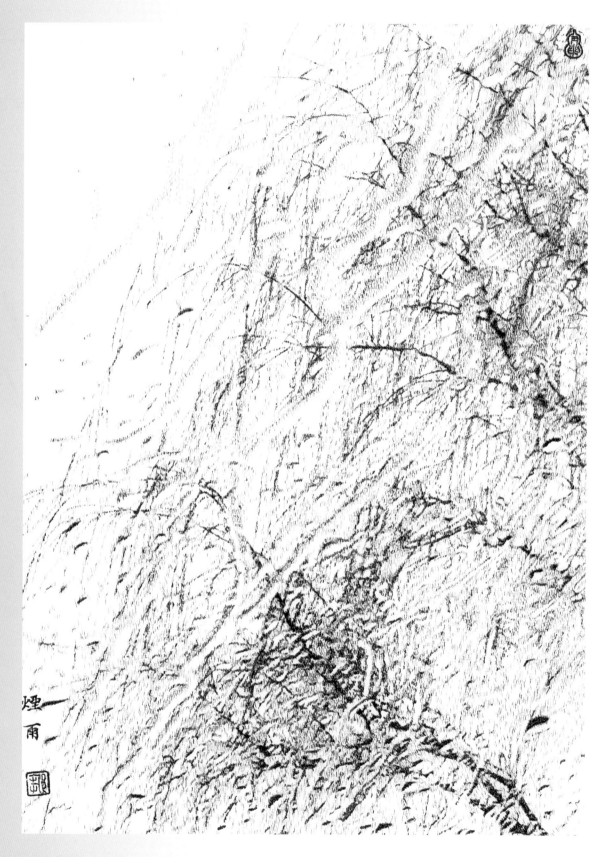

(02) 烟雨

(03) 咏柳

*Part·*邹英姿

狮子滚绣球围巾

滴滴绣、劈针绣
188cm×55cm

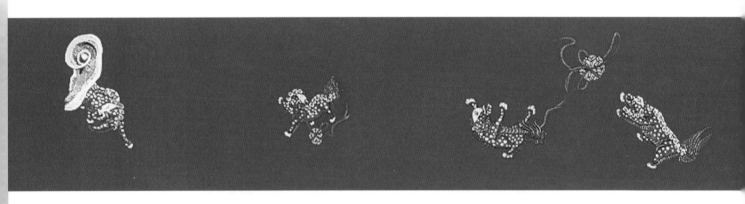

狮子在我们的传统文化中有很多吉祥的含义。西汉时期，它沿着古代丝绸之路从西亚来到中国，很快就赢得了中国人的好感，融入了中华文化之中，走入了人们的生活。它不仅受到种种礼遇，还被认为是具有灵气的瑞兽，代表着勇敢、自信、光明和威严。作品中的狮子取材于紫金庵的宋代壁画，采用唐代初期盛行的劈针绣法和邹英姿自创的滴滴绣技法相结合，将聪明伶俐又憨态可掬的形象呈现在其中。

节气系列

滴滴绣
80cm×110cm

　　　　　　　　　　　　　Part·邹英姿

· 惊蛰

春风吹来了，柳儿发芽了，太湖边平静的水面上，时不时会有一些小黑鸭在欢乐
地嬉戏着。有的潜水，有的临水飞奔，水面笑出了满湖的褶子，隔着老远，都能感
觉到它们的欢喜。岸边上，老杨树被吵醒了，斑驳的树皮上，一只眼闭着一只眼微
睁，半梦半醒着，就像黑着一张脸；那长长的枝条上，芽儿们正努力着从皮下冒出
嫩绿色毛茸茸的小脑袋，欢喜地看着小黑鸭在湖里嬉戏。

● 春分

一阵阵的暖风，

一场场的细雨，

一声声的惊雷，

江南迎来了春季 。

土地滋润了，

松开了紧绷一冬的地皮 ，

幼苗苏醒了，

冒出了绿油油的嫩芽，

昆虫出动了，

忙着恋爱忙着寻觅，

窗外的樱花开了，

落英缤纷像芬芳的雨。

节气系列

滴滴绣、综合材料
100cm×100cm

节气系列

滴滴绣
100cm×100cm

● 谷雨

谷雨是春季的最后一个节气，有着"雨生百谷"的意思。谷雨的雨有着"桃花水"
的美誉，民间习俗谷雨时节在雨中"走谷雨"可消灾避祸，旧时的女人们便在此时
相约走出闺阁，与大自然相亲。

节气系列

滴滴绣

• 清明

节气系列

滴滴绣、细平绣、定线绣
110cm×110cm

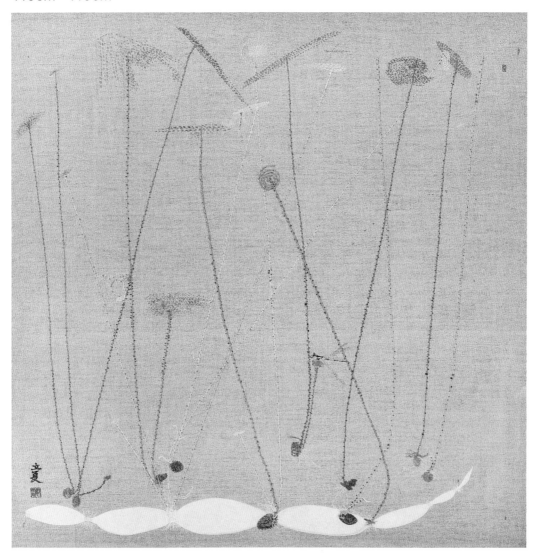

● 立夏

针线儿实在是太过迟缓，在热情奔放的初夏间只留下一缕淡淡的忧伤，我把岁月叠起，把颜色均匀地分散，小心翼翼地，放在你路过的地方，等待你的回眸，给我一个微笑，让心田，撒满明媚的阳光。

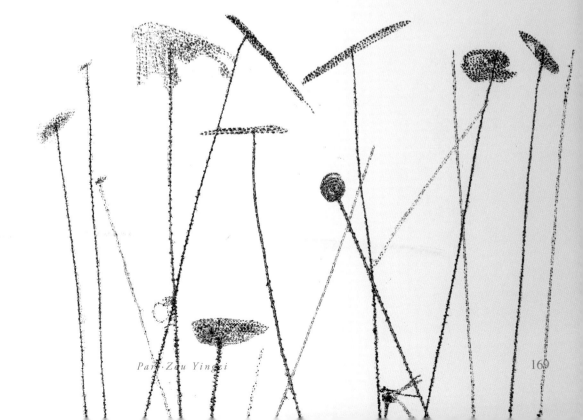

小暑

小暑是夏季的第五个节气，表示盛夏正式开始。从小暑开始进入伏天，天气变
化无常，农作物都进入了茁壮成长阶段，荷花也从湖底的泥土里冒出了或红或白，
粉嫩嫩的花来。"出淤泥而不染，濯清涟而不妖"，多么美好。

节气系列

滴滴绣、劈针绣、综合材料
100cm×100cm

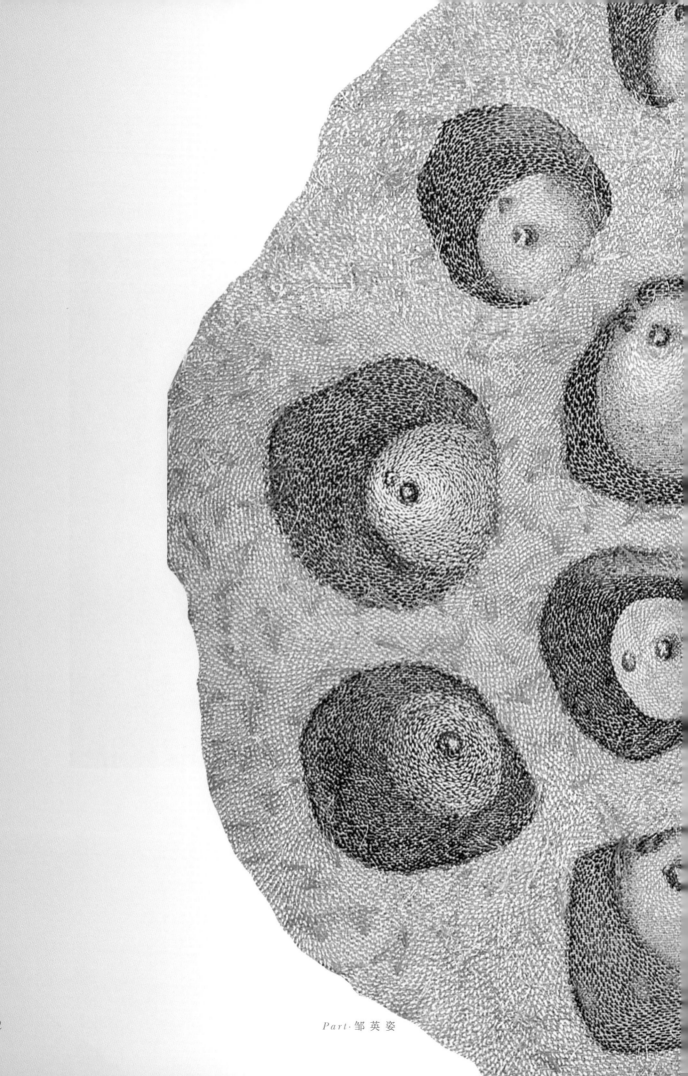

节气系列

滴滴绣、综合材料
100cm×100cm

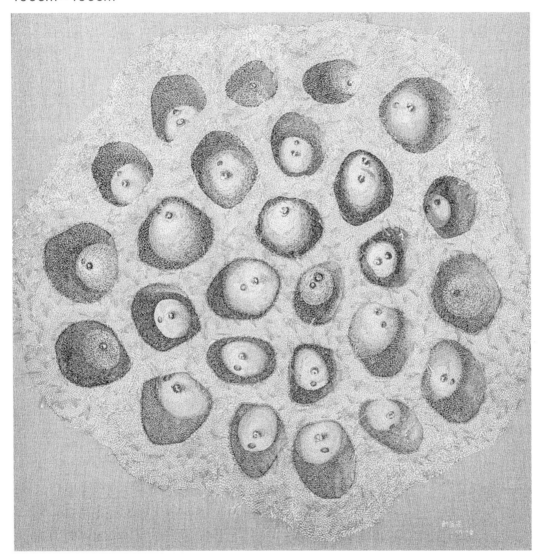

● 小雪

这一串串残荷与莲蓬，是我花了许多时间去太湖中采集来的。刚刚采回来的时候，里面藏了很多蜘蛛和飞虫，只能先堆在大门旁边清理。冬季小雪时节，太阳出来了，我把残荷串挂了起来，光线从窗外射进来，映衬着白墙上荷莲们曼妙的身姿如一个个跳动的音符，着实好看。我把干枯的莲蓬绣了出来，一个个莲子好像在动。一个莲蓬就好像是一位母亲的子宫，莲子们便是一个个崭新的生命。待到来年的春天，这些莲子便会发芽，小荷露尖尖；到了夏天，接天莲叶无穷碧，江南可采莲。

敦煌莫高窟第 45 窟造像（部分）

用蚕丝线临摹佛像，以此学习古人的造型、线条、色彩和对细节的处理。作品采用滴滴绣绣制佛祖、佛弟子和菩萨的身相，用细乱针、平针等针法辅助背景壁画部分。滴滴绣可以把佛陀的慈悲、菩萨的自在与超然淋漓尽致地表现出来。整套七件作品耗时十年，于 2019 年全部完成。其中五件作品组成的"敦煌第 45 窟造像"系列和作品"缠绕"系列及原作品《冬至》，成了邹英姿 2018 年参评中国工艺美术大师的代表作品。

• 左胁侍菩萨

滴滴绣、细乱针、平针

84cm×163cm

● 右胁侍菩萨

滴滴绣、细乱针、平针

84cm×163cm

● 迦叶

滴滴绣、细乱针、平针
90cm×163cm

● 阿难

滴滴绣、细乱针、平针
84cm×163cm

武生柯军

劈针绣、滴滴绣、交叉针、细乱针（双面绣）
绣面：28cm×30cm，底座：13cm×45cm×53cm

反

这幅肖像历时四年创作完成，用了十万针。柯军老师说："锦中人是我非我。
正面十万针线如水流光滑，斯文含蓄；反面十万针脚万马千军，如网绳捆缚，
似沟壑分裂，像石上苍苔。双面合一，恰成完整生命。妙哉，刺穿表象，绣
出真我。"

正

邹老师说："柯军，一双充满自信和坚毅的眼睛。全新绣法，指破殷红。时而如蝼蚁在田埂上闲步，时而似骆驼在沙漠骄阳下蹒跚。日日夜夜，密密麻麻，正正反反。指纹是其独有的生命密码和血脉基因，丝线缠绕绣入他的神情中。奇哉，美哉。"

Part· 邹英姿

泥土与刺绣

滴滴绣、综合材料
75cm×75cm

一方水土养一方人，一方土地滋养着各种手艺。手艺与土地有着亲密无间的关系。
土地是滋养万物的载体，让水源和土地健康是每个人都应该承担的责任和义务。
线头，是刺绣中常见的"废物"，一个绣娘的一生中，线头千千万万，一个个线头
如同一粒粒种子，种下的，是对美好生活的期盼。

姑苏人家

滴滴绣、细乱针

姑苏的美，

美在其黛瓦粉墙，

小桥流水，枕河人家，

我们生于斯，长于斯，

深深地爱着。

姑苏是十分诗意的两个字，

也是非常温暖的两个字，

这里有我的家，

有我的家人，

有和我从小一起长大的伙伴，

有养育我们长大的村庄。

我用双面绣绣出了圆门、芭蕉、杨梅粉、

墙、鸟笼、小猫、蝴蝶和花窗，

又用红木把边框设计成了房屋的山墙。

卷棚顶的房子，

硬山顶的房子，

歇山顶的房子，

高高低低，错错落落，

前前后后，排排行行。

Part · 美美之合

结语

纺织技艺的发展是人类文明进步的表现之一。服饰艺术作品的完成,多数情况离不开织物面料设计、织造工艺、服装设计、裁剪工艺、缝制工艺等等,最后体现艺术内涵的时候,又会遇到呈现的技术问题,所以是程序复杂的系统工程,也是各种技术支撑艺术内涵以及表现力的综合体现。

本展览由中央美院服装艺术的研究者吕越教授领衔,携手苏州丝绸博物馆王晨研究员和苏绣中国工艺美术大师邹英姿,她们将各自擅长的织、绣、缝三种技艺有机联合呈现,从不同的专业角度和应用领域,让我们感受到中华古老丝绸文明的博大精深。同时也感受到正是一代又一代从业者们的执着追求,不断创新,才存续发展了纺织艺术和时装艺术。

希望本次展览不仅带给观众朋友美的视觉享受,还能使观众朋友从中体会艺术性带来的思考,也希望激励更多的专业人员为我国优秀的传统丝绸文化积极贡献才智,续写丝路文明的新篇章!

苏州丝绸博物馆

美美之合——织绣云裳艺术

苏州丝绸博物馆　编著
馆址：苏州市人民路 2001 号

东南大学出版社　出版

总　策　划：魏保信

图录执行著者：王　晨

展览策展人：吕　越

学术主持：李超德

参　展　人：吕　越　王　晨　邹英姿

展陈装帧设计：王东琳

图片来源：王　晨　吕　越　邹英姿　张晓平　谢晓春

内容提供：王　晨　吕　越　邹英姿　王东琳

展览执行：王　晨　王立群　陈琰璐　张国华